高等教育工业机器人课程实操推荐教材

工业机器人工程应用
虚拟仿真教程

叶　晖　何智勇　杨　薇　编　著

高一平　主　审

机 械 工 业 出 版 社

本书以 ABB 机器人为对象，使用 ABB 公司的机器人仿真软件 RobotStudio 进行工业机器人的基本操作、功能设置、二次开发、在线监控与编程、方案设计和验证的学习。中心内容包括认识、安装工业机器人仿真软件，构建基本仿真工业机器人工作站，RobotStudio 中的建模功能，机器人离线轨迹编程，Smart 组件的应用，带导轨和变位机的机器人系统创建与应用，ScreenMaker 示教器用户自定义界面，RobotStudio 的在线功能。

本书适合普通本科及高等职业院校自动化相关专业学生使用，以及从事工业机器人应用开发、调试与现场维护的工程师，特别是使用 ABB 工业机器人的工程技术人员。

图书在版编目（CIP）数据

工业机器人工程应用虚拟仿真教程/叶晖等编著 . —北京：机械工业出版社，2013. 12（2023.2 重印）

高等职业教育工业机器人课程实操推荐教材

ISBN 978-7-111-45048-1

Ⅰ．①工… Ⅱ．①叶… Ⅲ．①工业机器人—软件仿真—高等职业教育—教材

Ⅳ．①TP242.2

中国版本图书馆 CIP 数据核字（2013）第 293349 号

机械工业出版社（北京市百万庄大街 22 号 邮政编码 100037）

策划编辑：周国萍 责任编辑：周国萍
责任校对：黄兴伟 封面设计：陈 沛
责任印制：常天培

天津嘉恒印务有限公司印刷

2023 年 2 月第 1 版第 27 次印刷

184mm×260mm · 20.5 印张 · 477 千字

标准书号：ISBN 978-7-111-45048-1

定价：49.00 元

前 言

生产力的不断进步推动了科技的进步与革新，建立了更加合理的生产关系。自工业革命以来，人力劳动已经逐渐被机械所取代，而这种变革为人类社会创造出巨大的财富，极大地推动了人类社会的进步。时至今天，机电一体化、机械智能化等技术应运而生。人类充分发挥主观能动性，进一步增强对机械的利用效率，使之为我们创造出更加巨大的生产力，并在一定程度上维护了社会的和谐。工业机器人的出现是人类在利用机械进行社会生产史上的一个里程碑。在发达国家中，工业机器人自动化生产线成套设备已成为自动化装备的主流及未来的发展方向。国外汽车行业、电子电器行业、工程机械等行业已经大量使用工业机器人自动化生产线，以保证产品质量，提高生产效率，同时避免了大量的工伤事故。全球诸多国家近半个世纪的工业机器人的使用实践表明，工业机器人的普及是实现自动化生产、提高社会生产效率、推动企业和社会生产力发展的有效手段。

在本书中，通过项目式教学的方法，对 ABB 公司的 RobotStudio 软件的操作、建模、Smart 组件的使用、轨迹离线编程、动画效果的制作、模拟工作站的构建、仿真验证以及在线操作进行了全面的讲解。

本书内容以实践操作过程为主线，采用以图为主的编写形式，通俗易懂，适合作为普通高校和高等职业院校的工业机器人工程应用仿真课程的教材。

同时，本书也适合从事工业机器人应用开发、调试、现场维护的工程技术人员学习和参考，特别是已掌握 ABB 机器人基本操作，需要进一步掌握工业机器人工程应用模拟仿真的工程技术人员参考。

对本书中的疏漏之处，我们热忱欢迎读者提出宝贵的意见和建议。在这里，要特别感谢 ABB 机器人部技术经理高一平、ABB 机器人市场部给予此书编写的大力支持，为本书的撰写提供了许多宝贵意见。

本书中使用到的机器人工作站打包文件及相关模型资料下载地址：www.robotpartner.cn/rs.html。

关注我们的微信公众号：robotpartnerweixin。

如有问题请给我们发邮件：support@robotpartner.cn。

编 者

目录

项目 1

认识、安装工业机器人仿真软件

教学目标

1. 了解什么是工业机器人仿真应用技术。
2. 学会如何安装 RobotStudio。
3. 学会 RobotStudio 软件的授权操作方法。
4. 认识 RobotStudio 软件的操作画面。

任务 1-1 了解什么是工业机器人仿真应用技术

工业自动化的市场竞争压力日益加剧，客户在生产中要求更高的效率，以降低价格，提高质量。如今让机器人编程在新产品生产之始花费时间检测或试运行是行不通的，因为这意味着要停止现有的生产以对新的或修改的部件进行编程。不首先验证到达距离及工作区域，而冒险制造刀具和固定装置已不再是首选方法。现代生产厂家在设计阶段就会对新部件的可制造性进行检查。在为机器人编程时，离线编程可与建立机器人应用系统同时进行。

在产品制造的同时对机器人系统进行编程，可提早开始产品生产，缩短上市时间。离线编程在实际机器人安装前，通过可视化及可确认的解决方案和布局来降低风险，并通过创建更加精确的路径来获得更高的部件质量。为实现真正的离线编程，RobotStudio 采用了 ABBVirtualRobot™技术。ABB 在十多年前就已经发明了 VirtualRobot™技术。RobotStudio 是市场上离线编程的领先产品。通过新的编程方法，ABB 正在世界范围内建立机器人编程标准。

在 RobotStudio 中可以实现以下的主要功能：

1）CAD 导入。RobotStudio 可轻易地以各种主要的 CAD 格式导入数据，包括 IGES、STEP、VRML、VDAFS、ACIS 和 CATIA。通过使用此类非常精确的 3D 模型数据，机器人程序设计员可以生成更为精确的机器人程序，从而提高产品质量。

2）自动路径生成。这是 RobotStudio 最节省时间的功能之一。通过使用待加工部件的 CAD 模型，可在短短几分钟内自动生成跟踪曲线所需的机器人位置。如果人工执行此项任务，则可能需要数小时或数天。

3）自动分析伸展能力。此便捷功能可让操作者灵活移动机器人或工件，直至所有位置均可达到。可在短短几分钟内验证和优化工作单元布局。

4）碰撞检测。在 RobotStudio 中，可以对机器人在运动过程中是否可能与周边设备发生碰撞进行一个验证与确认，以确保机器人离线编程得出的程序的可用性。

5）在线作业。使用 RobotStudio 与真实的机器人进行连接通信，对机器人进行便捷的监控、程序修改、参数设定、文件传送及备份恢复的操作，使调试与维护工作更轻松。

6）模拟仿真。根据设计，在 RobotStudio 中进行工业机器人工作站的动作模拟仿真以及周期节拍，为工程的实施提供真实的验证。

7）应用功能包。针对不同的应用推出功能强大的工艺功能包，将机器人更好地与工艺应用进行有效的融合。

8）二次开发。提供功能强大的二次开发平台，使机器人应用实现更多的可能，满足机器人的科研需要。

任务 1-2　安装工业机器人仿真软件 RobotStudio

➤　工作任务

1. 学会下载 RobotStudio。
2. 学会 RobotStudio 的正确安装。

➤　实践操作

一、下载 RobotStudio

下载 Robot Studio 的过程如图 1-1、图 1-2 所示。

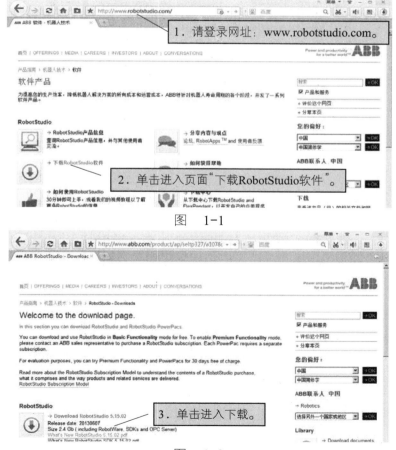

图　1-1

图　1-2

二、安装 RobotStudio

安装 RobotStudio 的过程如图 1-3～图 1-5 所示。

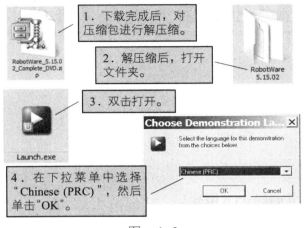

图　1-3

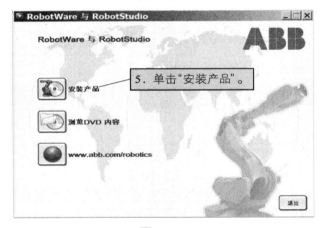

图　1-4

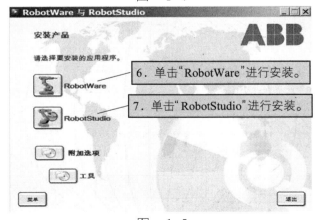

图　1-5

为了确保 RobotStudio 能够正确地安装，请注意以下的事项：

（1）计算机的系统配置建议见表 1-1。

表 1-1　计算机的系统配置

硬　件	要　求
CPU	i5 或以上
内存	2GB 或以上
硬盘	空闲 20GB 以上
显卡	独立显卡
操作系统	Windows7 或以上

（2）操作系统中的防火墙可能会造成 RobotStudio 的不正常运行，如无法连接虚拟控制器，所以建议关闭防火墙或对防火墙的参数进行恰当的设定。

本书中的任务是基于 RobotStudio5.15.02 版本开展的，随着版本升级，会出现软件菜单有所变化的情况。

从 www.robotpartner.cn/rs.html 也可以下载 RobotStudio5.15.02。

任务 1-3 RobotStudio 的软件授权管理

➤　工作任务

1. 了解 RobotStudio 软件授权的作用。
2. 掌握 RobotStudio 授权的操作。

➤　实践操作

一、关于 RobotStudio 的授权

在第一次正确安装 RobotStudio 以后（图 1-6），软件提供 30 天的全功能高级版免费试用。30 天以后，如果还未进行授权操作的话，则只能使用基本版的功能。

基本版：提供基本的 RobotStudio 功能，如配置、编程和运行虚拟控制器。还可以通过以太网对实际控制器进行编程、配置和监控等在线操作。

高级版：提供 RobotStudio 所有的离线编程功能和多机器人仿真功能。高级版中包含基本版中的所有功能。要使用高级版需进行激活。

针对学校，有学校版的 RobotStudio 软件用于教学。

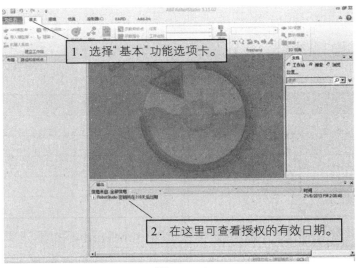

图 1-6

二、激活授权的操作

如果已经从 ABB 获得 RobotStduio 的授权许可证，可以通过以下的方式激活 RobotStudio 软件。

单机许可证只能激活一台计算机的 RobotStudio 软件，而网络许可证可在一个局域网内建立一台网络许可证服务器，给局域网内的 RobotStudio 客户端进行授权许可，客户端的数量由网络许可证所允许的数量决定。在授权激活后，如果计算机系统出现问题并重新安装 RobotStudio，将会造成授权失效。

在激活之前，请将计算机连接上互联网。因为 RobotStudio 可以通过互联网进行激活，这样操作会便捷很多。激活 RobotStudio 的步骤如图 1-7～图 1-9 所示。

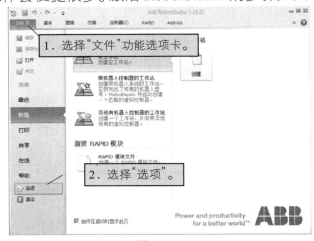

图 1-7

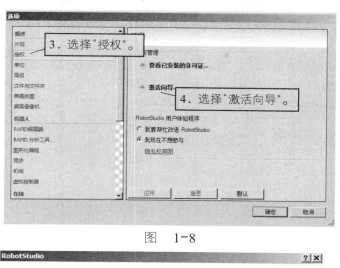

图　1-8

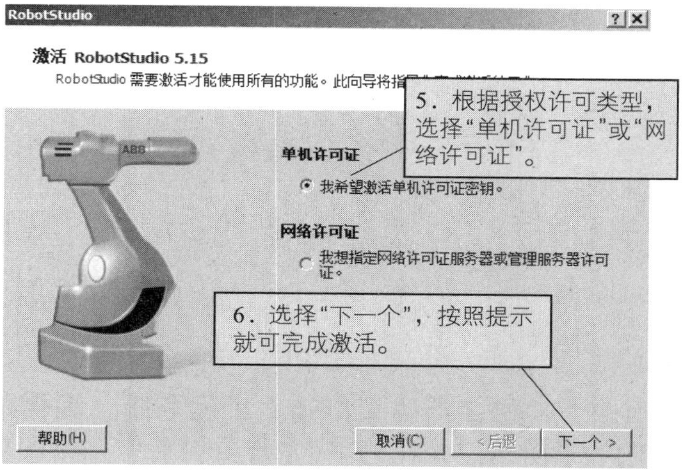

图　1-9

任务 1-4 RobotStudio 的软件界面介绍

> 工作任务

1. 了解 RobotStudio 软件界面的构成。
2. 掌握 RobotStudio 界面恢复默认的操作方法。

> 实践操作

一、RobotStudio 软件界面

"文件" 功能选项卡，包含创建新工作站、创造新机器人系统、连接到控

制器、将工作站另存为查看器的选项和 RobotStudio 选项，如图 1-10 所示。

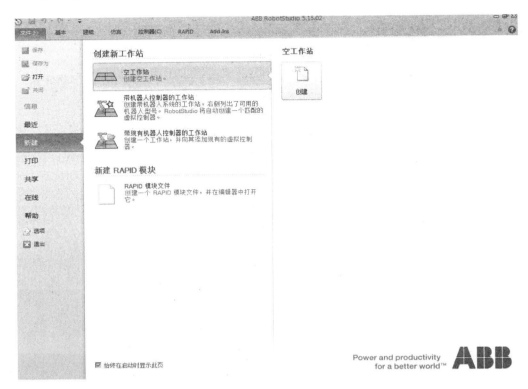

图　1-10

"基本"功能选项卡，包含搭建工作站、创建系统、编程路径和摆放物体所需的控件，如图 1-11 所示。

图　1-11

"建模"功能选项卡，包含创建和分组工作站组件、创建实体、测量以及其他 CAD 操作所需的控件，如图 1-12 所示。

图　1-12

"仿真"功能选项卡，包含创建、控制、监控和记录仿真所需的控件，如图 1-13 所示。

图　1-13

"控制器"功能选项卡，包含用于虚拟控制器（VC）的同步、配置和分配给它的任务控制措施。它还包含用于管理真实控制器的控制功能，如图 1-14 所示。

图　1-14

"RAPID"功能选项卡，包括 RAPID 编辑器的功能、RAPID 文件的管理以及用于 RAPID 编程的其他控件，如图 1-15 所示。

图　1-15

"Add-Ins"功能选项卡，包含 PowerPacs 和 VSTA 的相关控件，如图 1-16 所示。

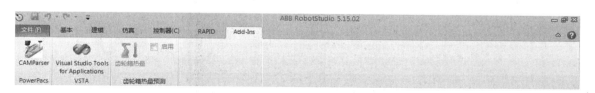

图　1-16

二、恢复默认 RobotStudio 界面的操作

刚开始操作 RobotStudio 时，常常会遇到操作窗口被意外地关闭，从而无

法找到对应的操作对象和查看相关的信息，如图 1-17 所示。

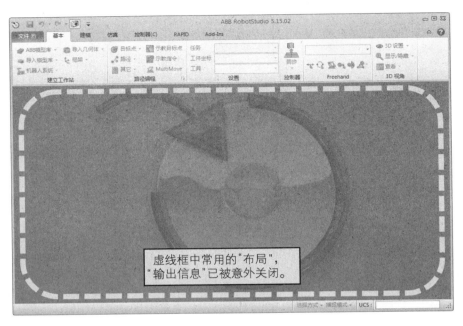

图　1-17

可进行图 1-18 所示的操作恢复默认 RobotStudio 界面。

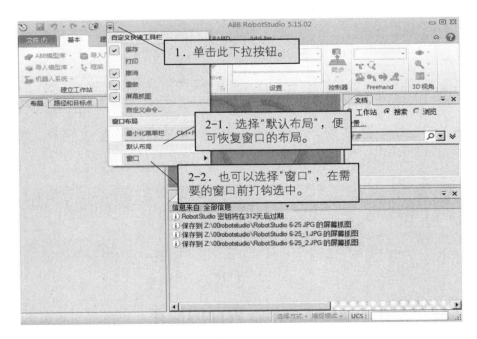

图　1-18

学习检测

自我学习检测评分表见表 1-2。

表 1-2   自我学习检测评分表

项目	技术要求	分值	评分细则	评分记录	备注
认识工业机器人仿真软件	理解工业机器人仿真软件的作用	20	1．理解程度 2．关联拓展能力		
安装 RobotStudio	正确安装 RobotStudio 并能排除安装过程中的问题	20	1．能否找到软件资源 2．操作流程是否正确		
RobotStudio 授权许可	1．理解基本版与高级版的区别 2．能够正确完成授权许可	20	1．理解程度 2．操作流程		
RobotStudio 的界面	1．学会操作软件的界面 2．掌握恢复默认布局的操作	20	1．理解程度 2．操作流程		
安全操作	符合上机实训操作要求	20			

项目 2

构建基本仿真工业机器人工作站

教学目标

1. 学会工业机器人工作站的基本布局方法。
2. 学会加载工业机器人及周边的模型。
3. 学会创建工件坐标。
4. 学会手动操作机器人。
5. 学会模拟仿真机器人运动轨迹。
6. 学会录制视频和制作独立播放 EXE 文件。

任务 2-1 布局工业机器人基本工作站

➤ **工作任务**

1. 加载工业机器人及周边的模型。
2. 学会工业机器人工作站的合理布局。

➤ **实践操作**

一、了解工业机器人工作站（图 2-1）

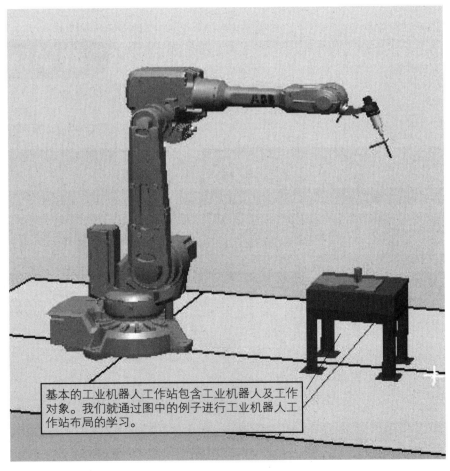

基本的工业机器人工作站包含工业机器人及工作对象。我们就通过图中的例子进行工业机器人工作站布局的学习。

图　2-1

二、导入机器人

导入机器人的操作如图 2-2～图 2-5 所示。

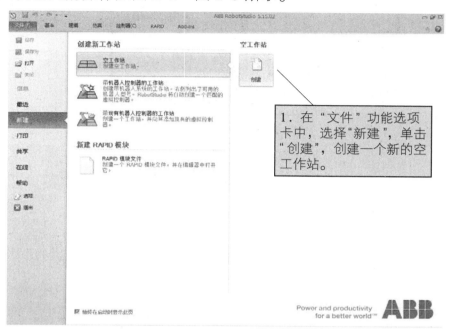

图 2-2

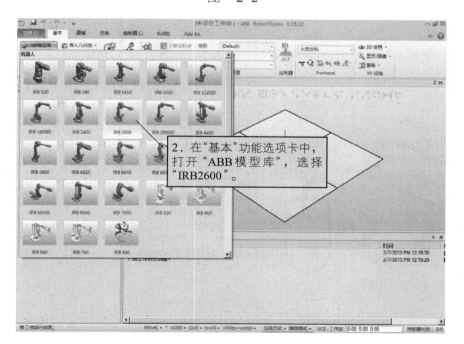

图 2-3

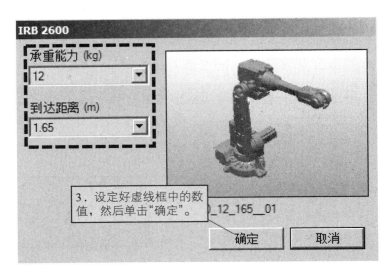

图 2-4

在实际中，要根据项目的要求选定具体的机器人型号、承重能力及到达距离。

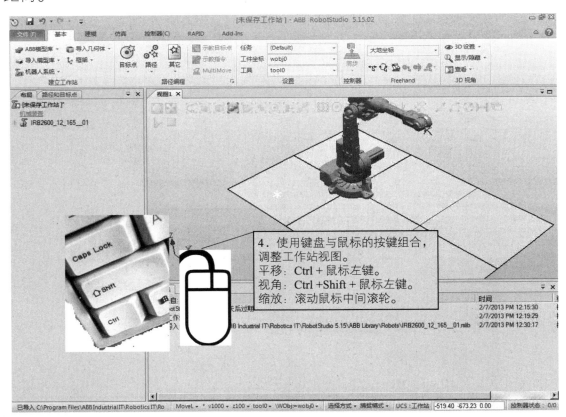

图 2-5

三、加载机器人的工具

加载机器人工具的操作如图 2-6～图 2-10 所示。

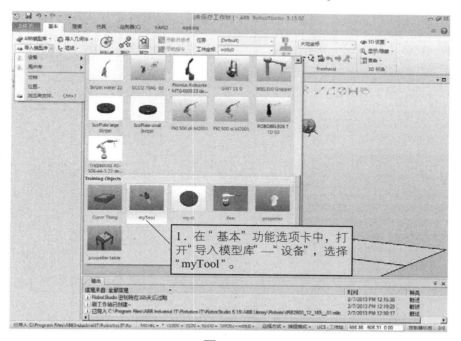

图　2-6

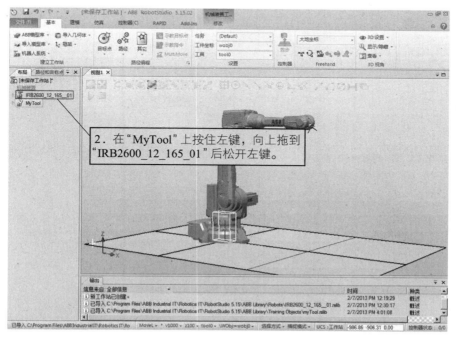

图　2-7

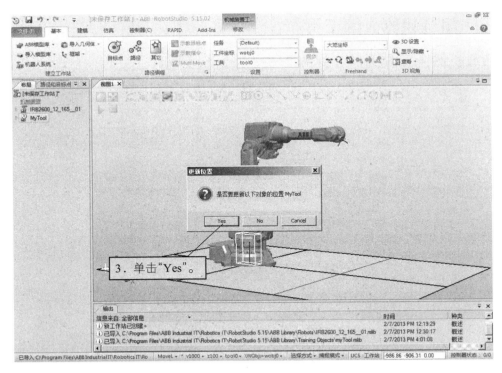

图　2-8

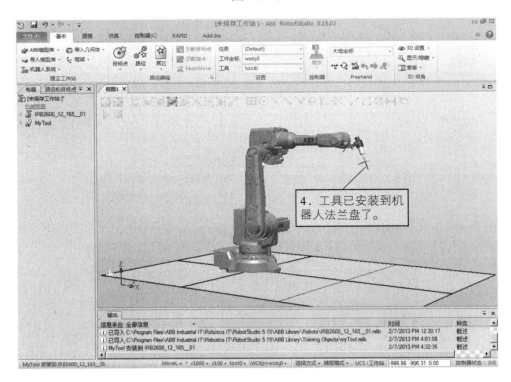

图　2-9

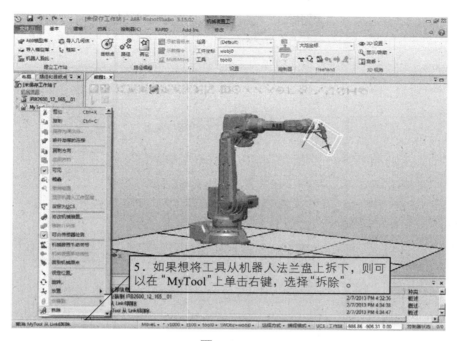

图　2-10

四、摆放周边的模型

摆放周边模型的操作如图 2-11～图 2-20 所示。

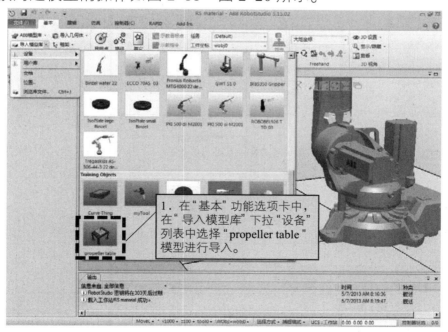

图　2-11

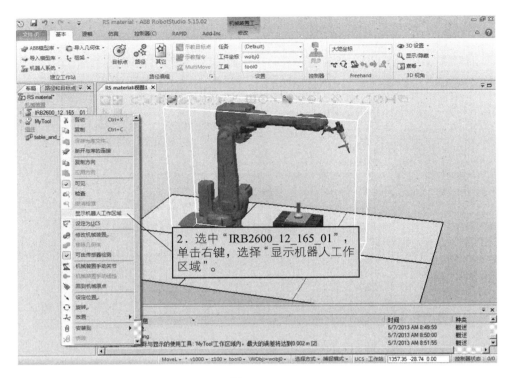

图　2-12

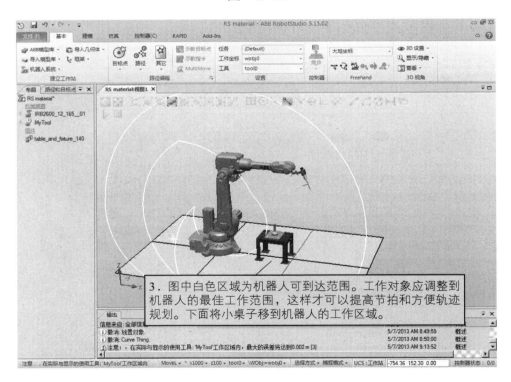

图　2-13

要移动对象，则要用到 Freehand 工具栏功能：

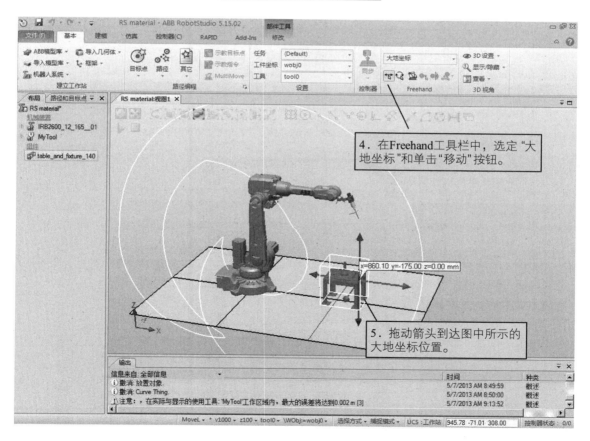

图　2-14

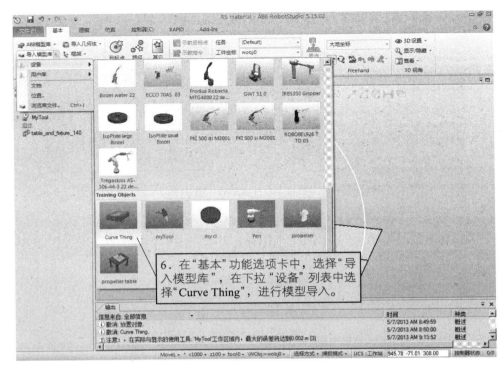

6．在"基本"功能选项卡中，选择"导入模型库"，在下拉"设备"列表中选择"Curve Thing"，进行模型导入。

图　2-15

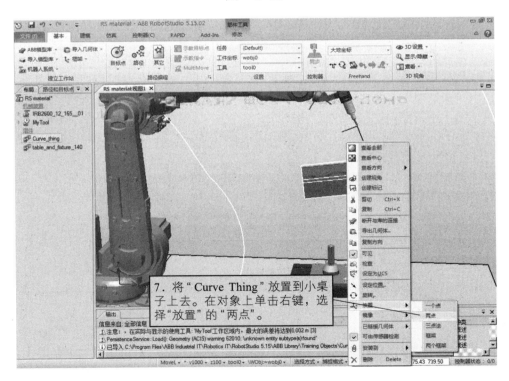

7．将"Curve Thing"放置到小桌子上去。在对象上单击右键，选择"放置"的"两点"。

图　2-16

为了能够准确捕捉对象特征，需要正确地选择捕捉工具，如图 2-17 虚线框所示。

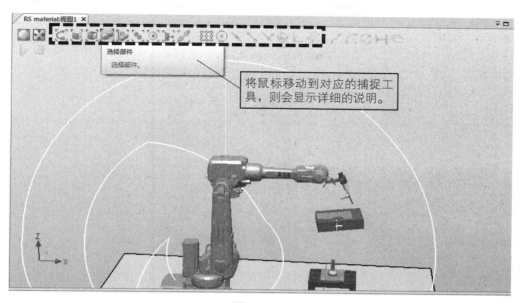

图　2-17

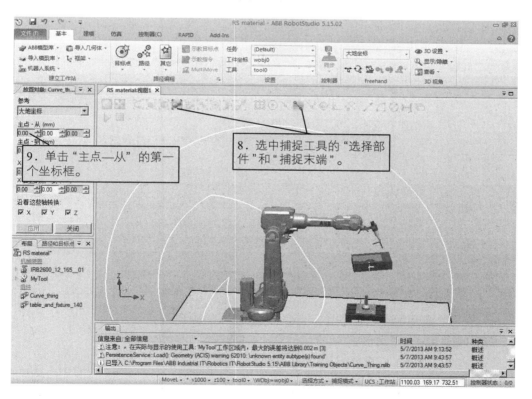

图　2-18

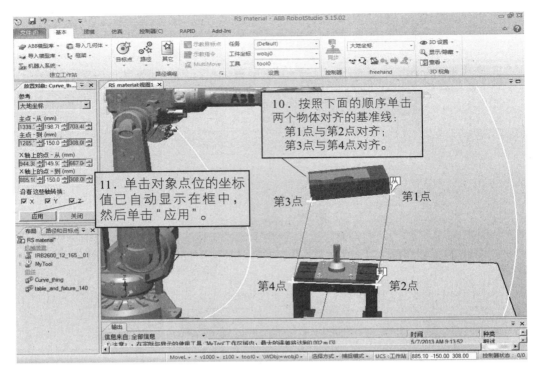

图 2-19

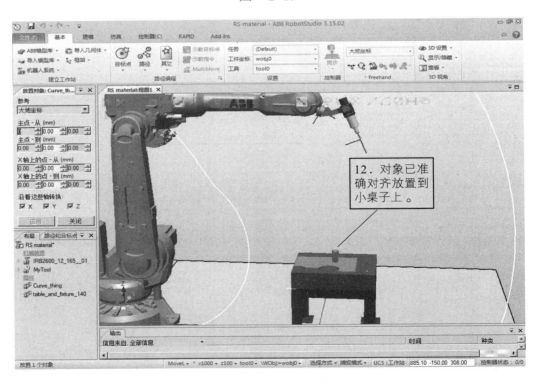

图 2-20

任务 2-2　建立工业机器人系统与手动操纵

➢　**工作任务**

1. 建立工业机器人系统。
2. 学会工业机器人的手动操纵模式。

➢　**实践操作**

一、建立工业机器人系统操作

在完成了布局以后，要为机器人加载系统，建立虚拟的控制器，使其具有电气的特性来完成相关的仿真操作。具体操作如图 2-21～图 2-25 所示。

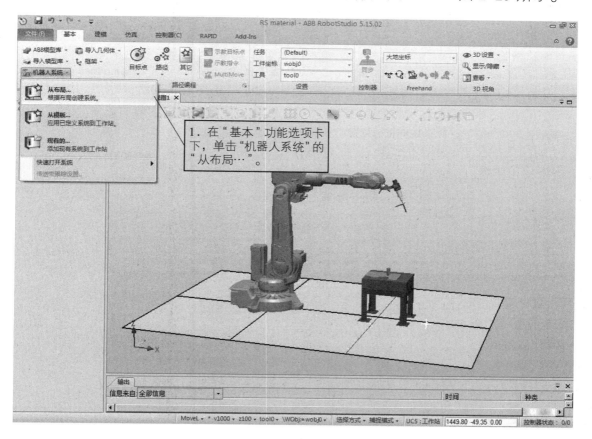

图　2-21

25

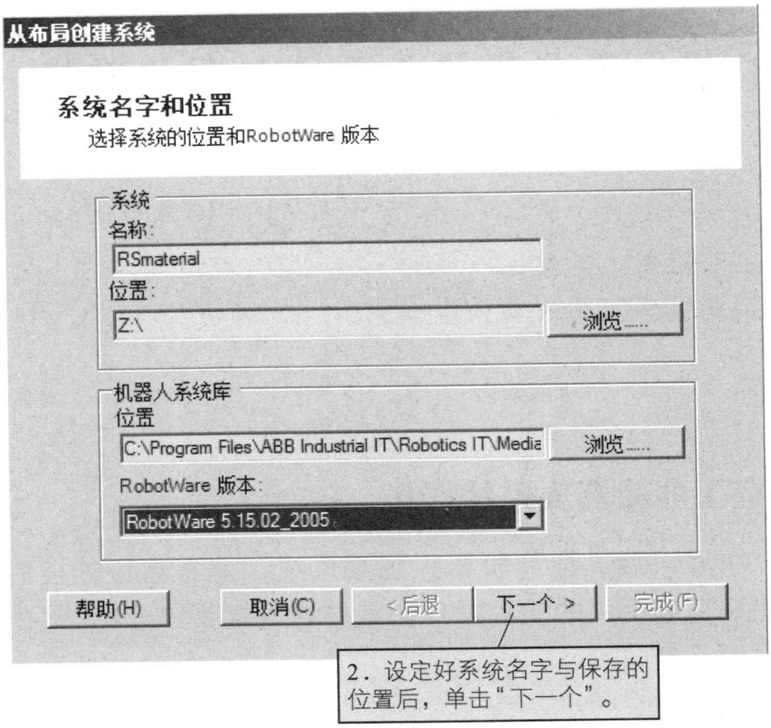

从布局创建系统

系统名字和位置
选择系统的位置和RobotWare 版本

系统

名称：
RSmaterial

位置：
Z:\   浏览.....

机器人系统库

位置：
C:\Program Files\ABB Industrial IT\Robotics IT\Media   浏览.....

RobotWare 版本：
RobotWare 5.15.02_2005   ▼

帮助(H)   取消(C)   <后退   下一个 >   完成(F)

2．设定好系统名字与保存的位置后，单击"下一个"。

图　2-22

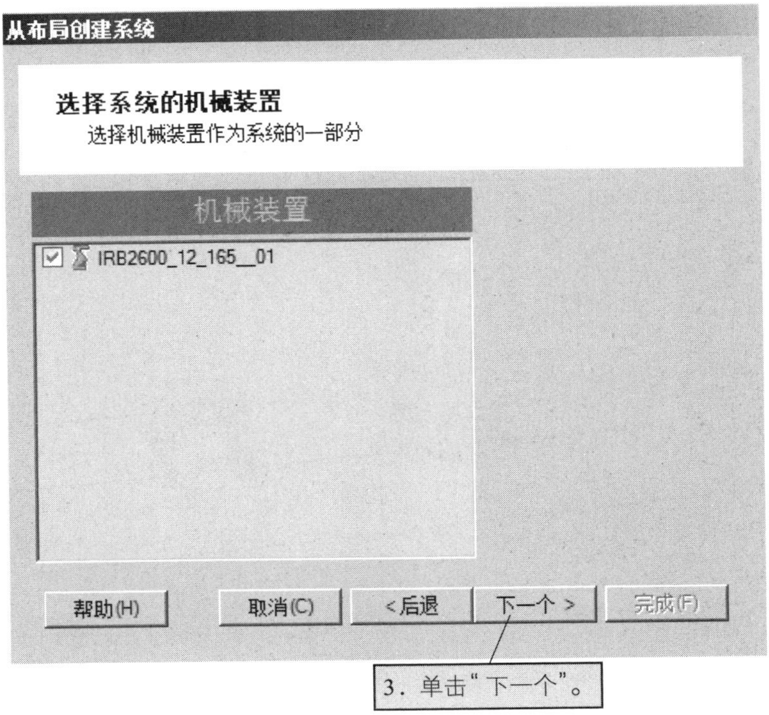

从布局创建系统

选择系统的机械装置
选择机械装置作为系统的一部分

机械装置

☑ 🤖 IRB2600_12_165__01

帮助(H)   取消(C)   <后退   下一个 >   完成(F)

3．单击"下一个"。

图　2-23

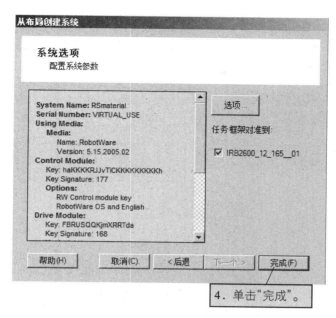

图 2-24

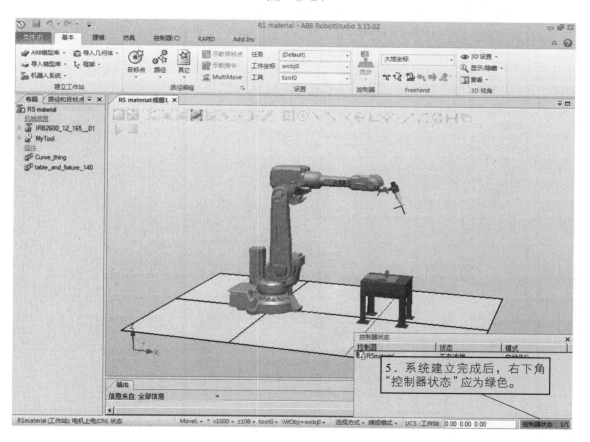

图 2-25

如果在建立工业机器人系统后，发现机器人的摆放位置并不合适，还需要进行调整的话，就要在移动机器人的位置后重新确定机器人在整个工作站中的坐标位置。具体操作如图 2-26、图 2-27 所示。

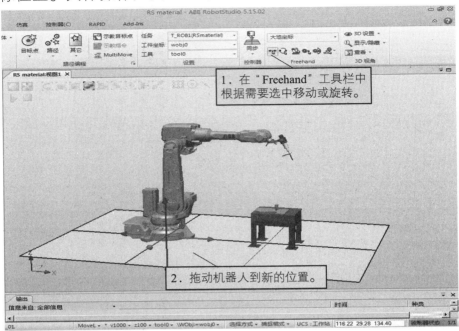

图　2-26

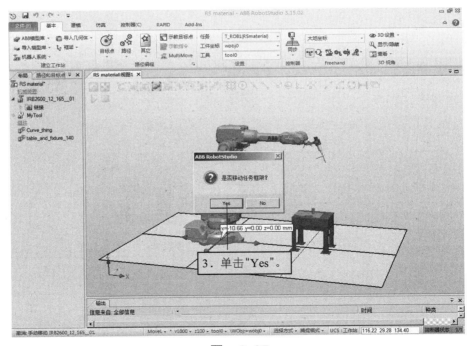

图　2-27

二、工业机器人的手动操纵

在 RobotStudio 中,让机器人手动运动到达你所需要的位置。手动共有三种方式:手动关节、手动线性和手动重定位。我们可以通过直接拖动和精确手动两种控制方式来实现。

1. 直接拖动

直接拖动操作步骤如图 2-28～图 2-30 所示。

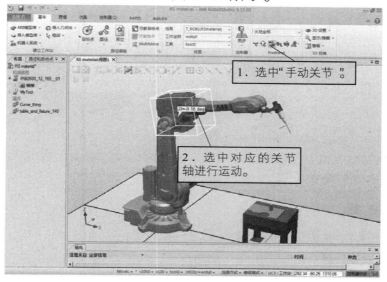

图　2-28

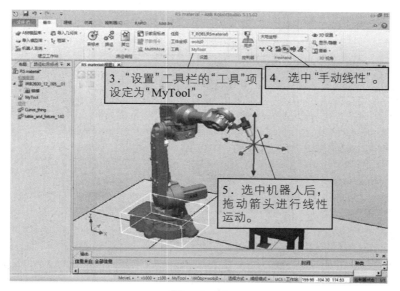

图　2-29

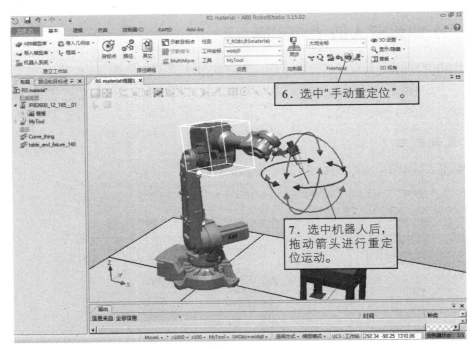

图 2-30

2. 精确手动

精确手动操作步骤如图 2-31～图 2-34 所示。

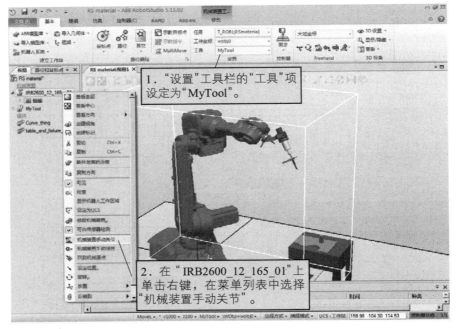

图 2-31

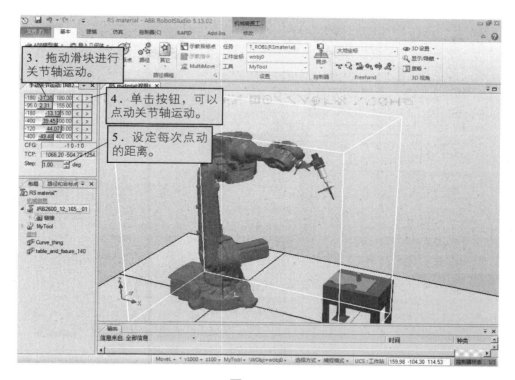

图　2-32

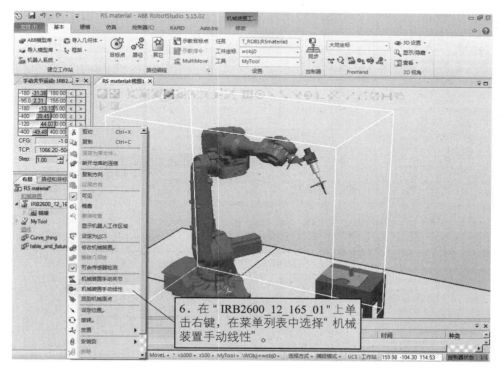

图　2-33

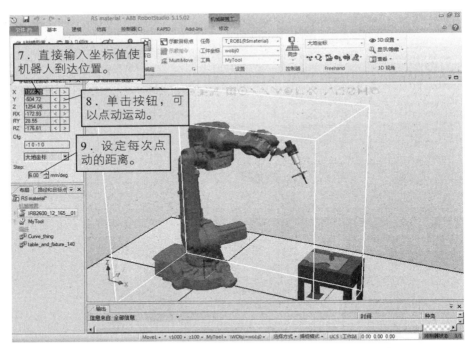

图　2-34

3. 回到机械原点

回到机械原点操作如图 2-35 所示。

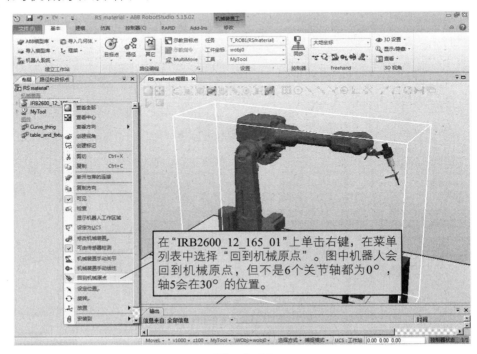

图　2-35

任务 2-3　创建工业机器人工件坐标与轨迹程序

➤ 工作任务

1. 建立工业机器人工件坐标。
2. 创建工业机器人运动轨迹程序。

➤ 实践操作

一、建立工业机器人工件坐标

与真实的工业机器人一样，也需要在 RobotStudio 中对工件对象建立工件坐标。操作步骤如图 2-36～图 2-41 所示。

关于工件坐标的定义，请参考机械工业出版社出版的《工业机器人实操与应用技巧》（书号：ISBN 978-7-111-31742-5）中的详细说明。

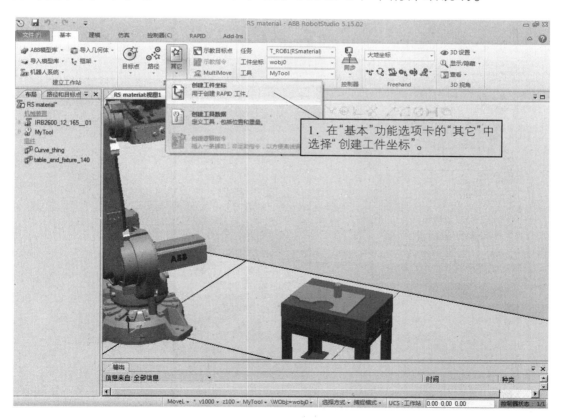

图　2-36

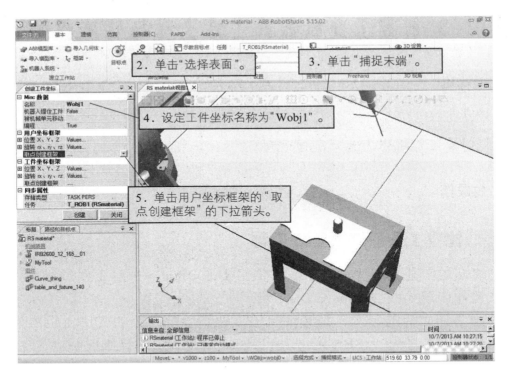

图 2-37

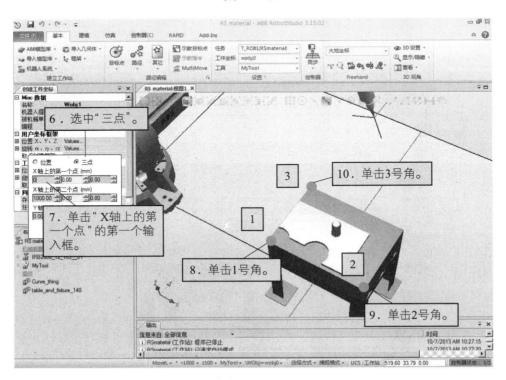

图 2-38

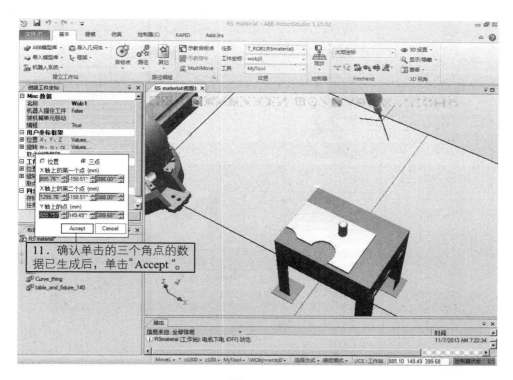

图　2-39

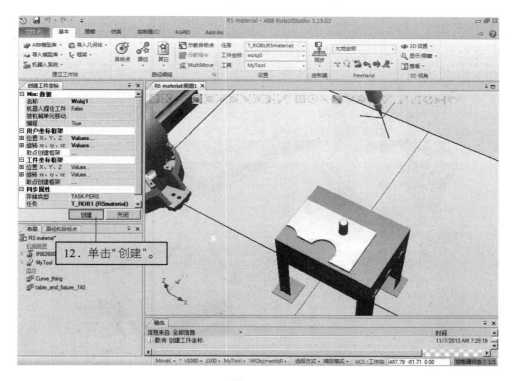

图　2-40

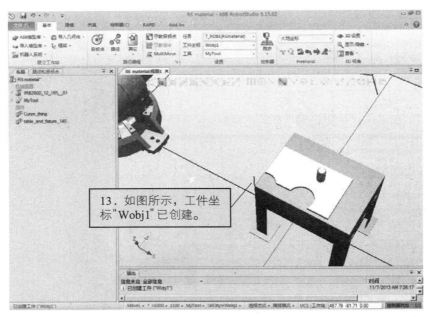

图　2-41

二、创建工业机器人运动轨迹程序

与真实的机器人一样，在 RobotStudio 中工业机器人运动轨迹也是通过 RAPID 程序指令进行控制的。下面就讲解如何在 RobotStudio 中进行轨迹的仿真。生成的轨迹可以下载到真实的机器人中运行。

操作步骤如图 2-42～图 2-55 所示。

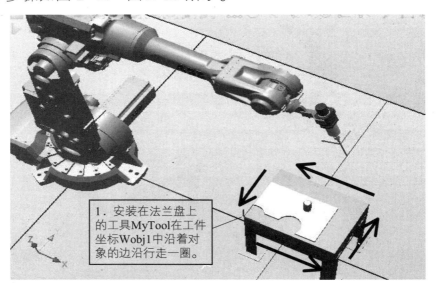

图　2-42

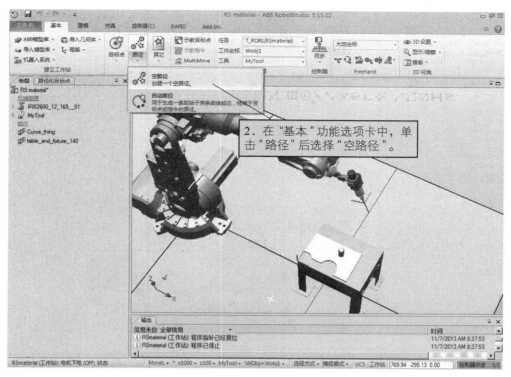

2．在"基本"功能选项卡中，单击"路径"后选择"空路径"。

图　2-43

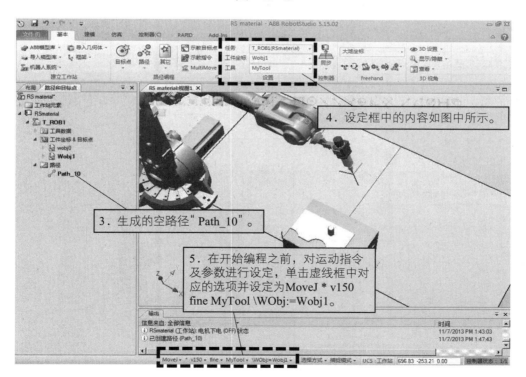

4．设定框中的内容如图中所示。

3．生成的空路径"Path_10"。

5．在开始编程之前，对运动指令及参数进行设定，单击虚线框中对应的选项并设定为 MoveJ * v150 fine MyTool \WObj:=Wobj1。

图　2-44

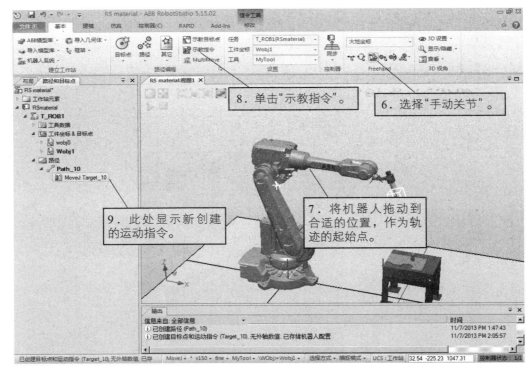

图　2-45

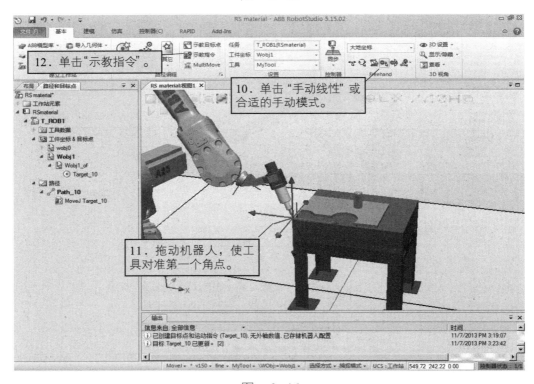

图　2-46

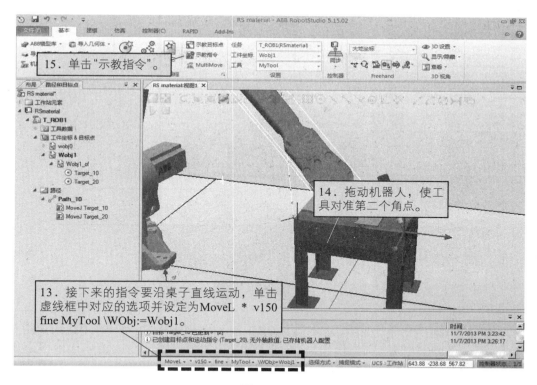

图　2-47

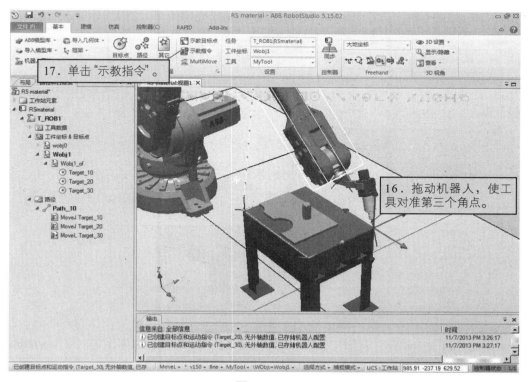

图　2-48

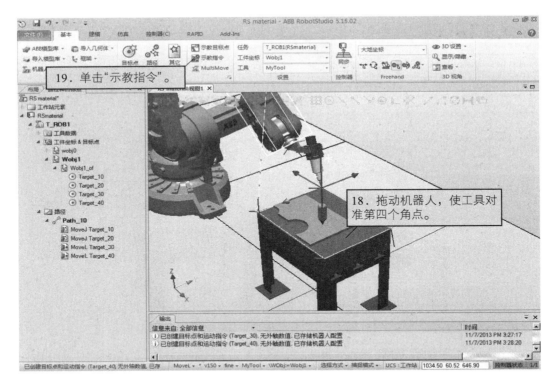

图　2-49

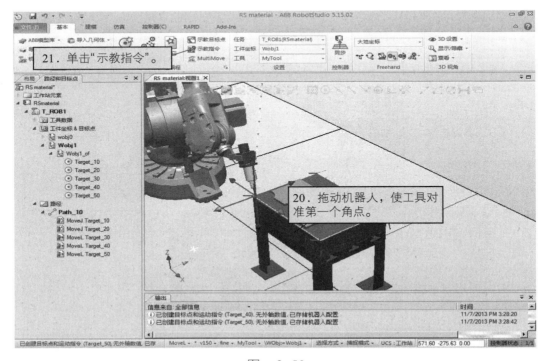

图　2-50

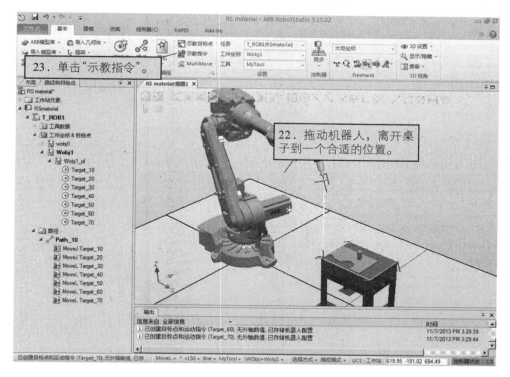

图　2-51

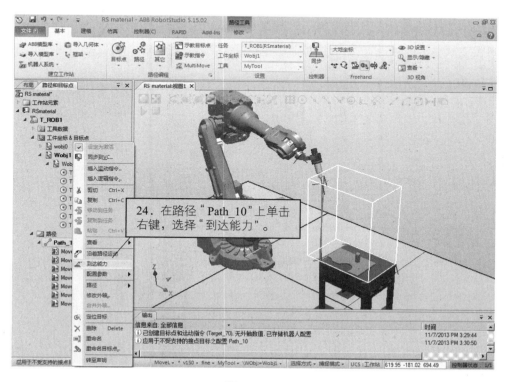

图　2-52

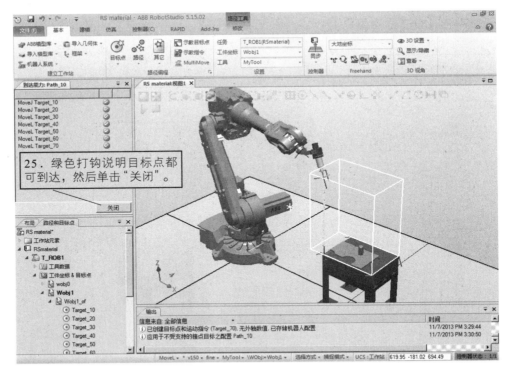

图　2-53

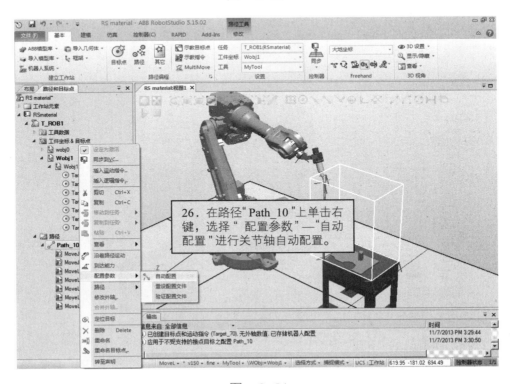

图　2-54

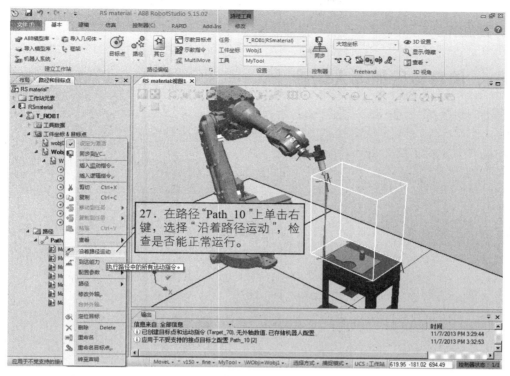

图　2-55

在创建机器人轨迹指令程序时，要注意以下的事情：

1）手动线性时，要注意观察各关节轴是否会接近极限而无法拖动，这时要适当作出姿态的调整。观察关节轴角度的方法请参考任务 2-2 中精确手动的第 3 步。

2）在示教轨迹的过程中，如果出现机器人无法到达工件的话，适当调整工件的位置再进行示教。

3）关于 MoveJ 和 MoveL 指令的使用说明，请参考机械工业出版社出版的《工业机器人实操与应用技巧》（ISBN 978-7-111-31742-5）中的详细说明。

4）在示教的过程中，要适当调整视角，这样可以更好地观察。

任务 2-4　仿真运行机器人及录制视频

➢ 工作任务

1. 仿真运行机器人轨迹。
2. 将机器人的仿真录制成视频。

➤ 实践操作

一、仿真运行机器人轨迹

操作步骤如图 2-56～图 2-62 所示。

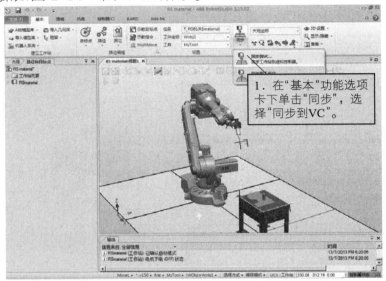

图　2-56

在 RobotStudio 中，为保证虚拟控制器中的数据与工作站数据一致，需要将虚拟控制器与工作站数据进行同步。当在工作站中修改数据后，则需要执行"同步到 VC"；反之则需要执行"同步到工作站"。

图　2-57

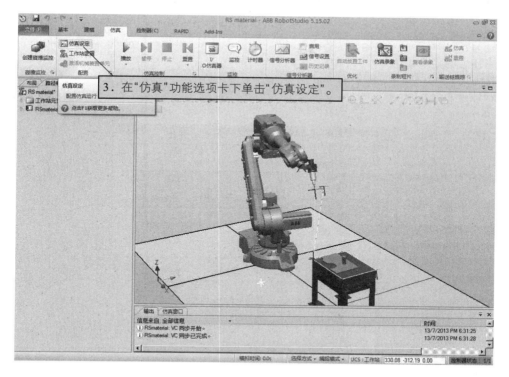

图　2-58

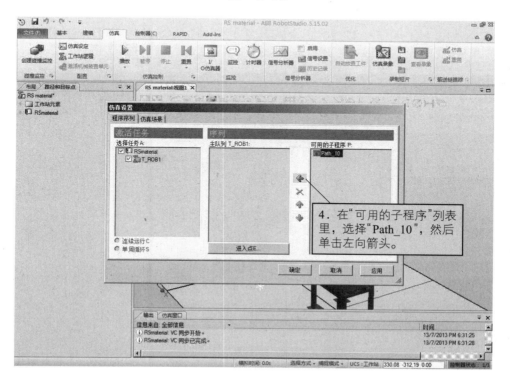

图　2-59

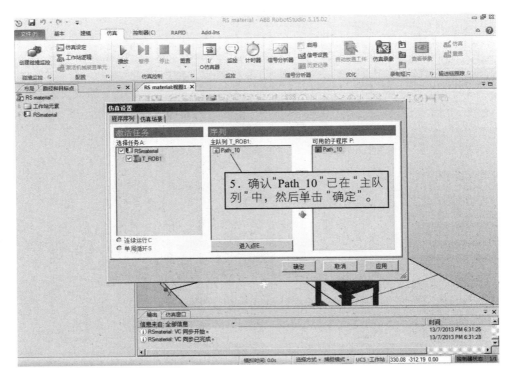

图 2—60

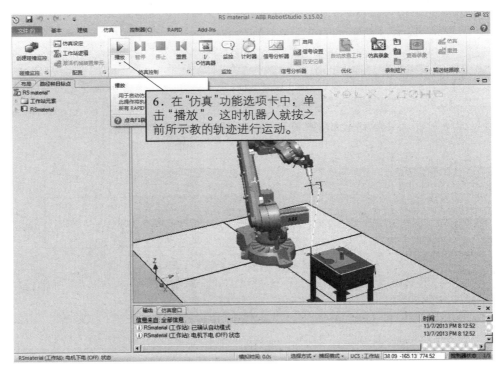

图 2—61

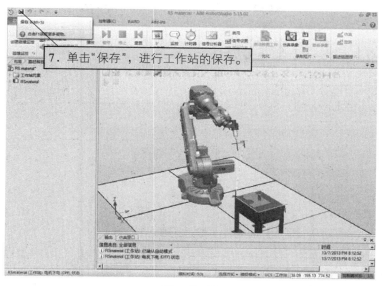

图　2-62

二、将机器人的仿真录制成视频

可以将工作站中工业机器人的运行录制成视频，以便在没有安装 RobotStudio 的计算机中查看工业机器人的运行。另外，还可以将工作站制作成 exe 可执行文件，以便进行更灵活的工作站查看。

1. 将工作站中工业机器人的运行录制成视频

操作步骤如图 2-63～图 2-65 所示。

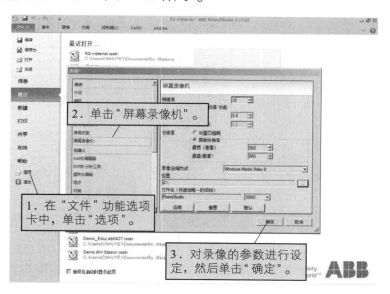

图　2-63

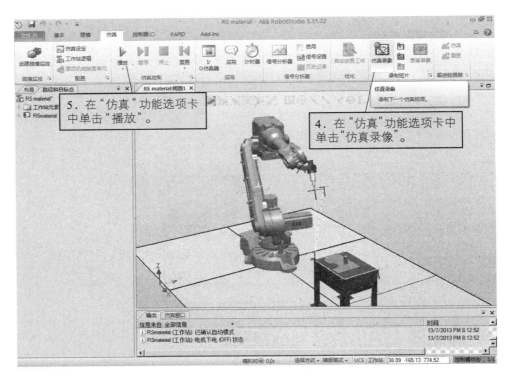

图　2-64

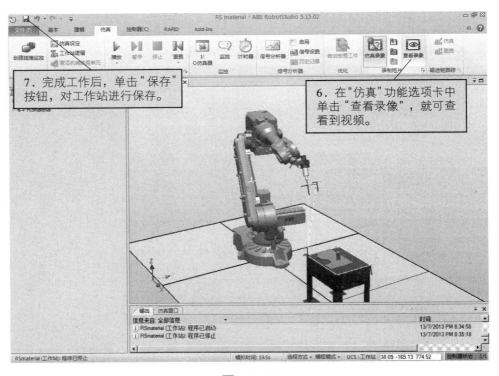

图　2-65

2．将工作站制作成 exe 可执行文件

操作步骤如图 2-66～图 2-68 所示。

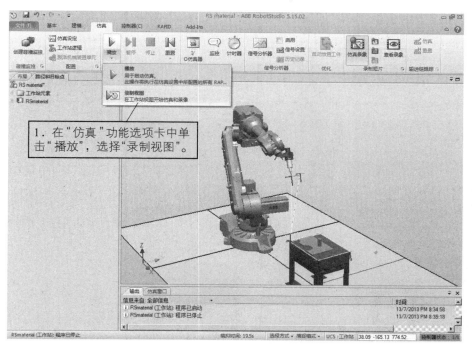

图　2-66

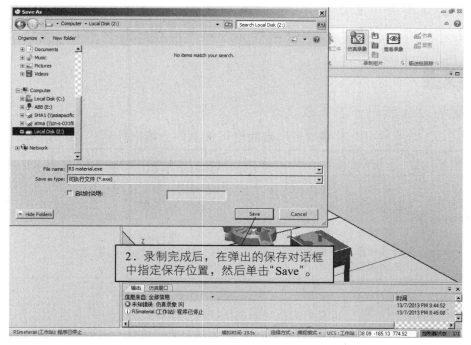

图　2-67

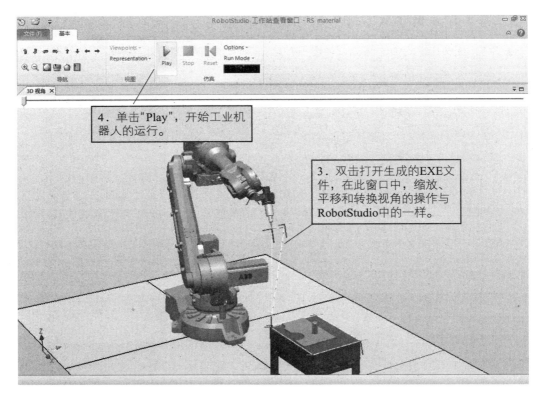

图 2-68

为了提高与各种版本 RobotStudio 的兼容性，建议在 RobotStudio 中做任何保存的操作时，保存的路径和文件名称最好使用英文字符。

学习检测

自我学习检测评分表见表 2-1。

表 2-1　自我学习检测评分表

项目	技术要求	分值	评分细则	评分记录	备注
加载工业机器人及周边的模型	能够正确完成加载的操作	10	1．理解流程 2．操作流程		
工作站的合理布局	能够正确确定机器人与周边模型的合理布局	10	1．理解流程 2．操作流程		
建立工业机器人系统	1．理解什么是工业机器人系统 2．完成工业机器人系统的建立	10	1．理解流程 2．操作流程		

（续）

项目	技术要求	分值	评分细则	评分记录	备注
工业机器人的手动操纵模式	熟练使用关节、线性及重定位手动操作机器人	10	1．理解流程 2．熟练操作		
工业机器人工件坐标	1．理解什么是工件坐标 2．熟练完成工件坐标建立	10	1．理解原理 2．熟练操作		
工业机器人运动轨迹程序	熟练完成路径创建、示教指令、同步及仿真的操作	10	熟练操作		
仿真运行机器人轨迹	掌握仿真的操作方法	10	熟练操作		
机器人的仿真录制成视频	1．录制视频的操作 2．制作 EXE 文件	10	熟练操作		
安全操作	符合上机实训操作要求	20			

项目 3

RobotStudio 中的建模功能

1. 学会使用 RobotStudio 进行基本的建模。
2. 学会 RobotStudio 中测量工具的使用。
3. 学会创建机械装置并进行设置。
4. 学会创建工具并进行设置。

任务 3-1 建模功能的使用

➢ 工作任务

1. 使用 RobotStudio 建模功能进行 3D 模型的创建。
2. 对 3D 模型进行相关设置。

➢ 实践操作

当使用 RobotStudio 进行机器人的仿真验证时，如节拍、到达能力等，如果对周边模型要求不是非常细致的表述时，可以用简单的等同实际大小的基本模型进行代替，从而节约仿真验证的时间。如图 3-1 所示。

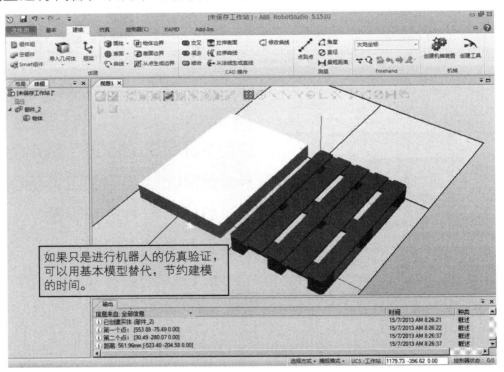

图　3-1

如果需要精细的 3D 模型，可以通过第三方的建模软件进行建模，并通过 *.sat 格式导入到 RobotStudio 中来完成建模布局的工作。

一、使用 RobotStudio 建模功能进行 3D 模型的创建

3D 建模过程如图 3-2～图 3-4 所示。

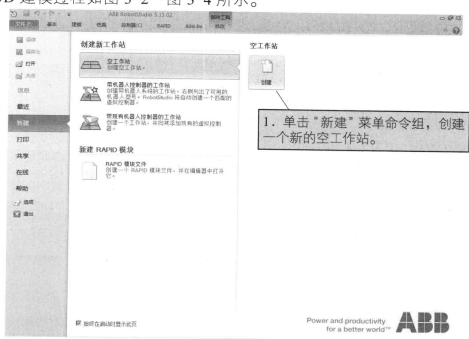

图　3-2

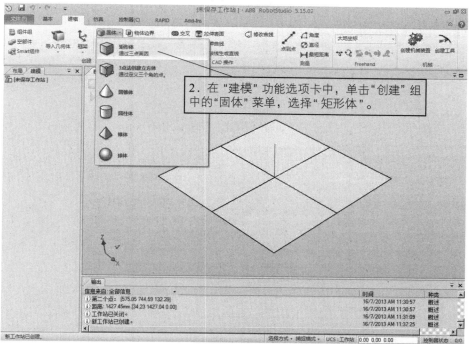

图　3-3

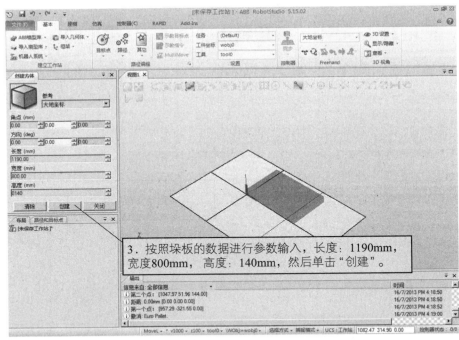

3. 按照垛板的数据进行参数输入，长度：1190mm，宽度800mm，高度：140mm，然后单击"创建"。

图 3-4

二、对 3D 模型进行相关设置

对 3D 模型进行的相关设置如图 3-5、图 3-6 所示。

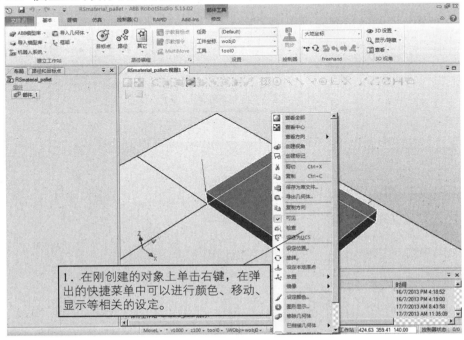

1. 在刚创建的对象上单击右键，在弹出的快捷菜单中可以进行颜色、移动、显示等相关的设定。

图 3-5

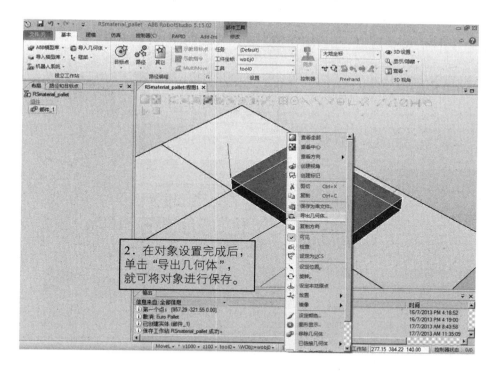

图　3-6

为了提高与各种版本 RobotStudio 的兼容性，建议在 RobotStudio 中做任何保存的操作时，保存的路径和文件名字最好使用英文字符。

任务 3-2　测量工具的使用

➢ **工作任务**

正确使用测量工具进行测量的操作。

➢ **实践操作**

1. 测量垛板的长度

测量垛板长度的步骤如图 3-7、图 3-8 所示。

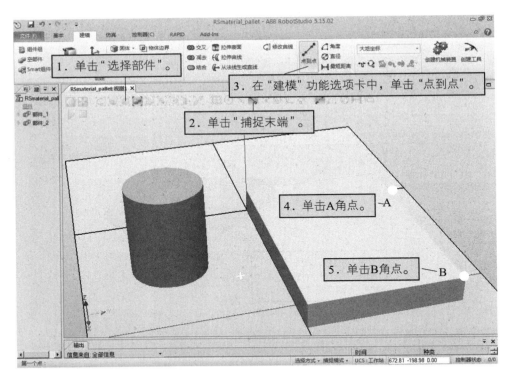

图　3-7

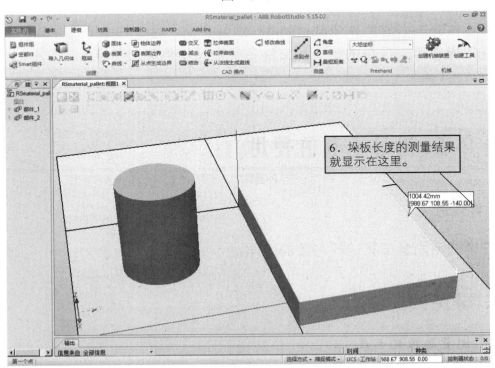

图　3-8

2. 测量锥体的角度

测量锥体顶角的角度的步骤如图 3-9、图 3-10 所示。

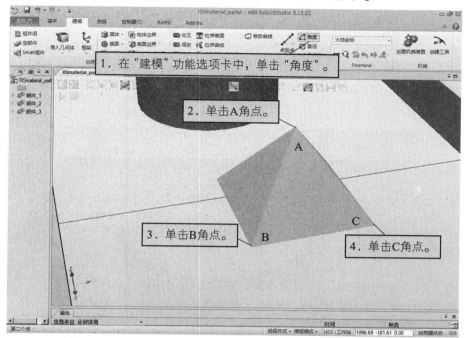

图　3-9

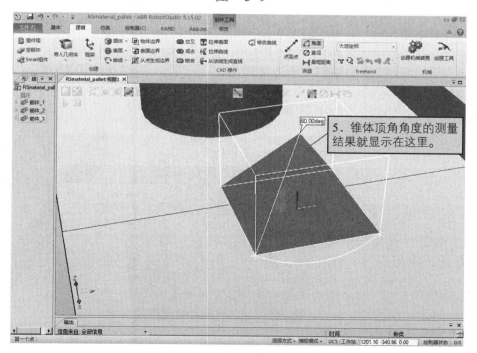

图　3-10

3. 测量圆柱体的直径

测量圆柱体直径的步骤如图 3-11、图 3-12 所示。

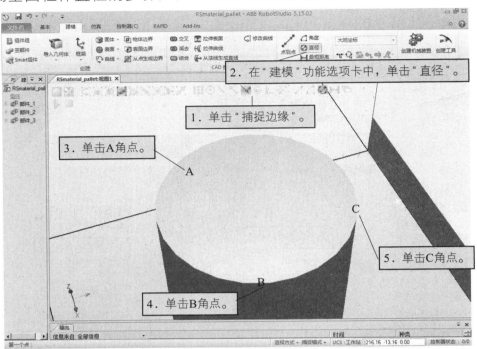

图　3-11

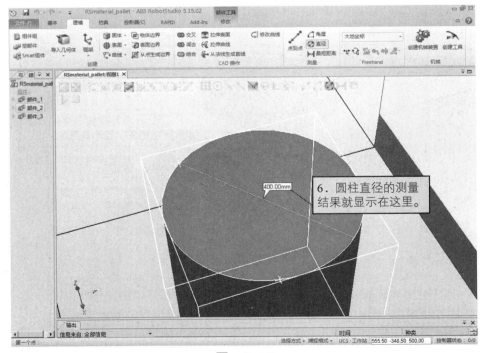

图　3-12

4. 测量两个物体间最短距离

测量两个物体间最短距离的步骤如图 3-13、图 3-14 所示。

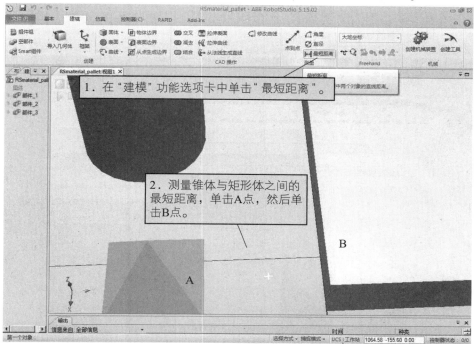

图 3-13

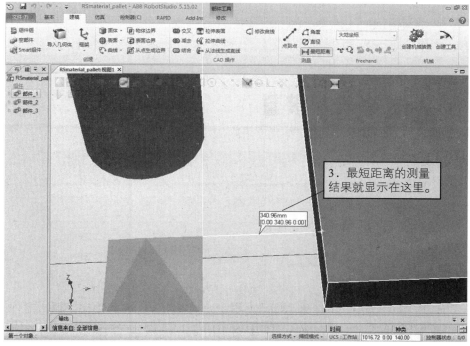

图 3-14

5．测量的技巧

测量的技巧主要体现在能够运用各种选择部件和捕捉模式正确地进行测量，这时要多练习，以便掌握其中的技巧，如图 3-15 所示。

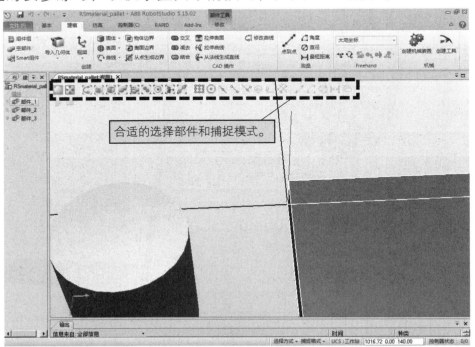

图　3-15

任务 3-3 创建机械装置

➤ **工作任务**

1．创建一个滑台的模型。
2．建立滑台的机械运动特性。

➤ **实践操作**

在工作站中，为了更好地展示效果，会为机器人周边的模型制作动画效果，如输送带、夹具和滑台等。这里就以创建机械装置的一个能够滑动的滑台为例子开展这项任务，如图 3-16 所示。具体步骤如图 3-17～图 3-40 所示。

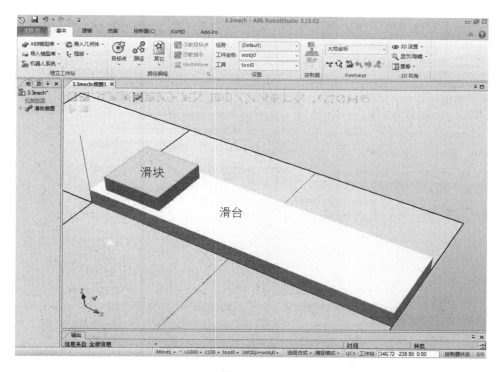

图　3-16

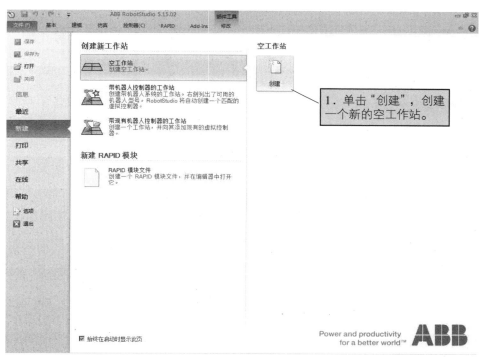

图　3-17

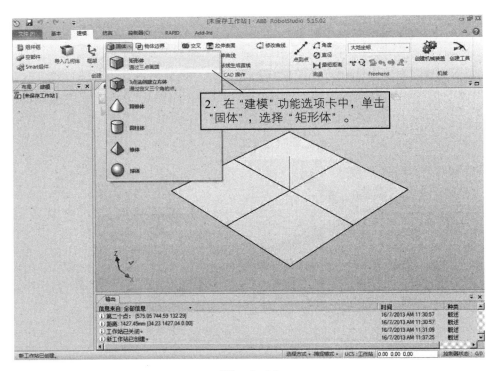

图　3-18

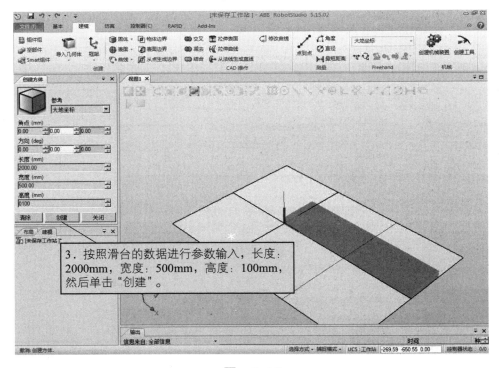

图　3-19

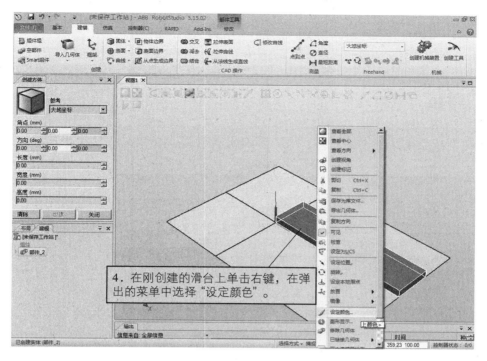

图 3-20

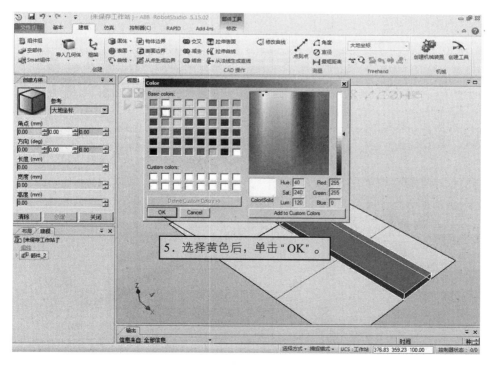

图 3-21

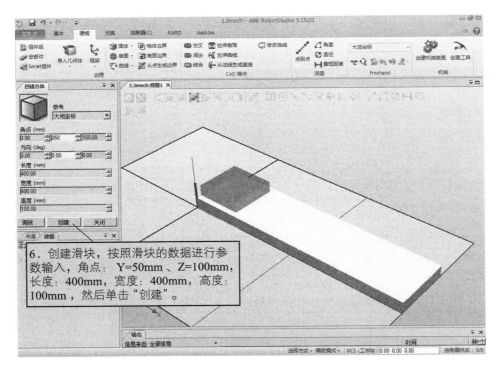

图　3-22

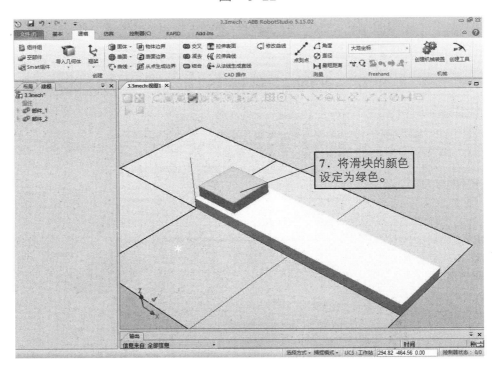

图　3-23

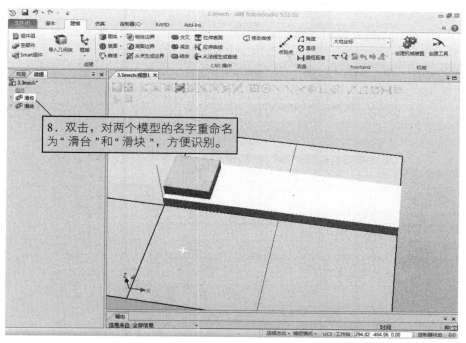

图　3-24

　　为了提高与各种版本 RobotStudio 的兼容性，建议在 RobotStudio 中做任何保存操作时，保存的路径和文件名称最好使用英文字符。如果只用于本地，文件名称也可以使用中文，方便识别。

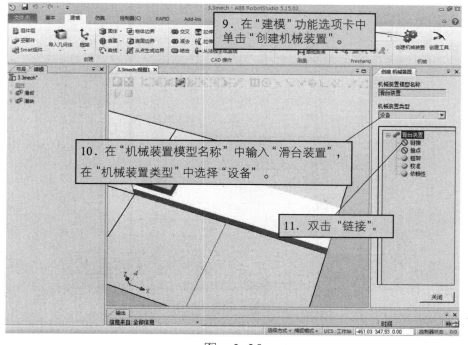

图　3-25

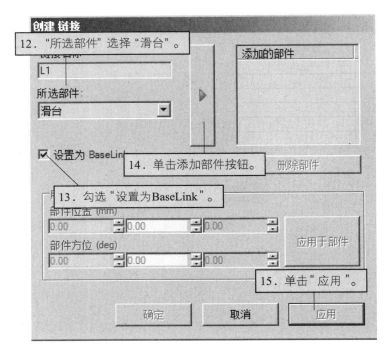

图 3-26

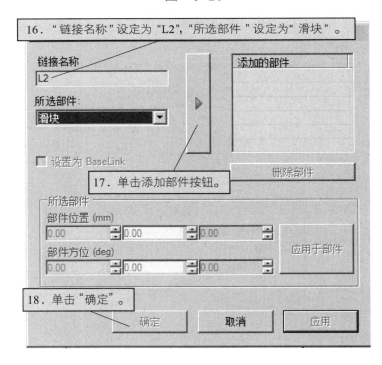

图 3-27

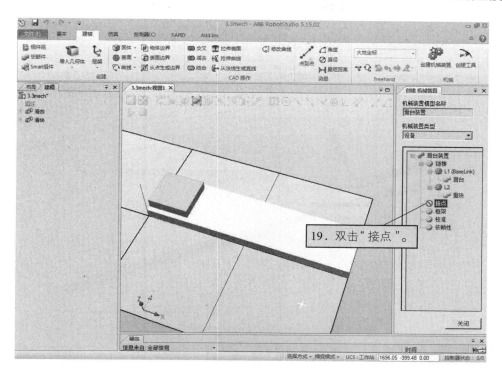

图 3-28

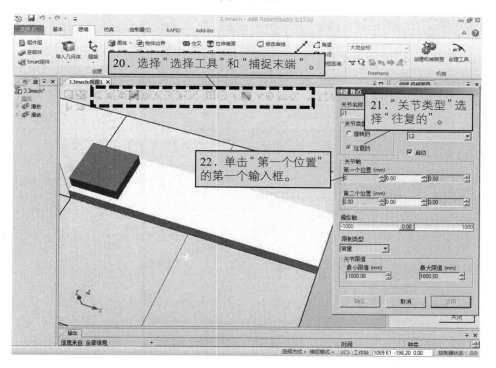

图 3-29

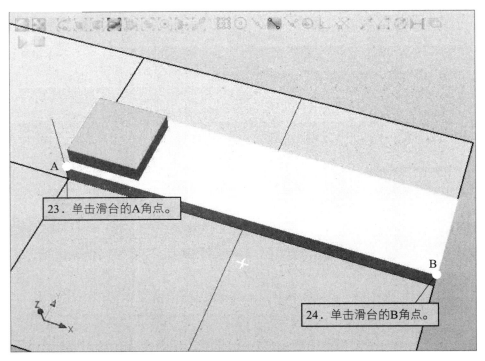

图　3-30

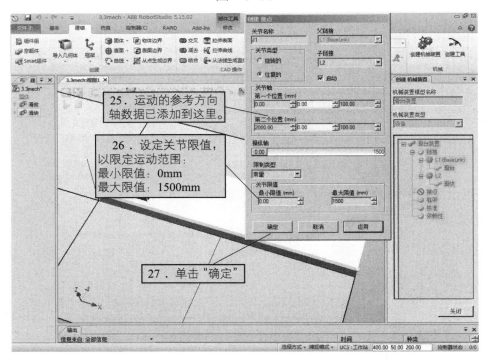

图　3-31

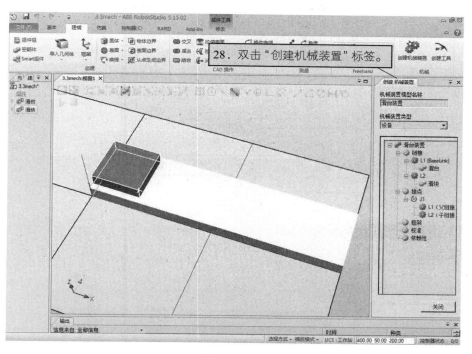

图　3-32

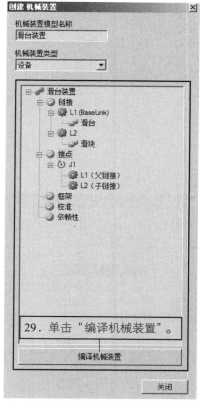

图　3-33

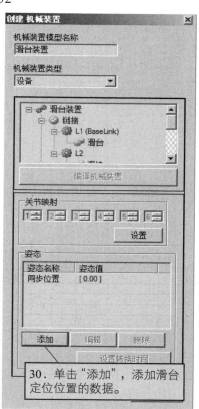

图　3-34

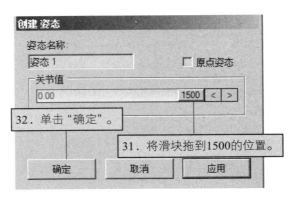

图　3-35

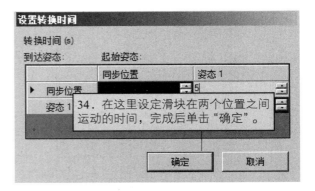

图　3-36　　　　　　　　　　　　　　　　图　3-37

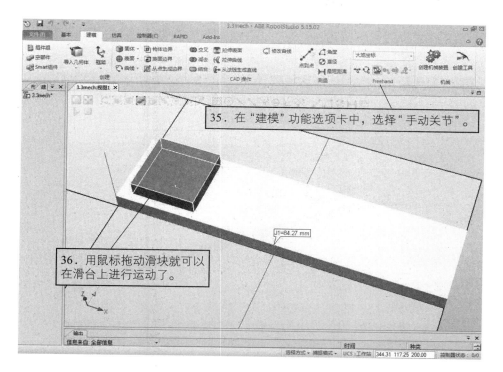

图　3-38

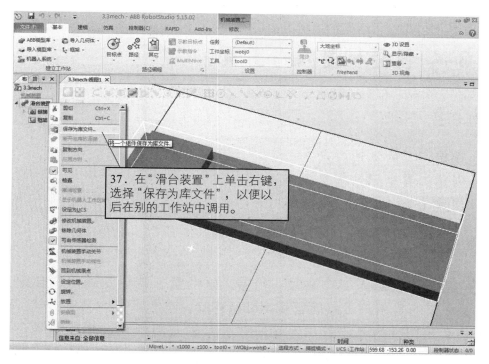

图　3-39

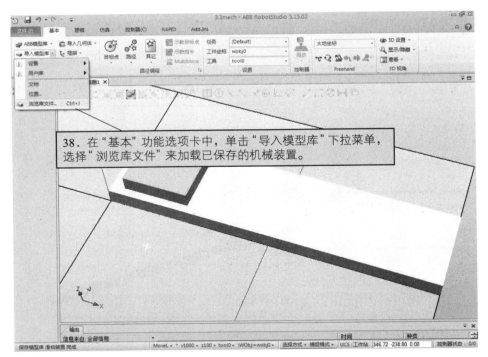

图　3-40

任务 3-4 创建机器人用工具

➤ 工作任务

1. 设定工具的本地原点。
2. 创建工具坐标系框架。
3. 创建工具。

➤ 实践操作

在构建工业机器人工作站时，机器人法兰盘末端会安装用户自定义的工具，我们希望的是用户工具能够像 RobotStudio 模型库中的工具一样，安装时能够自动安装到机器人法兰盘末端并保证坐标方向一致，并且能够在工具的末端自动生成工具坐标系，从而避免工具方面的仿真误差。在本任务中，我们就来学习一下如何将导入的 3D 工具模型创建成具有机器人工作站特性的工具（Tool）。

一、设定工具的本地原点

由于用户自定义的 3D 模型由不同的 3D 绘图软件绘制而成，并转换成特定的文件格式，导入到 RobotStudio 软件中会出现图形特征丢失的情况，在 RobotStudio 中做图形处理时某些关键特征无法处理。但是在多数情况下都可以采用变向的方式来做出同样的处理效果，在本任务中就特意选取了一个缺失图形特性的工具模型。在创建过程中我们会遇到类似的问题，下面介绍针对此类问题的解决方法。

在图形处理过程中，为了避免工作站地面特征影响视线及捕捉，我们先将地面设定为隐藏。

设定工具的本地原点的具体步骤如图 3-41～图 3-56 所示。

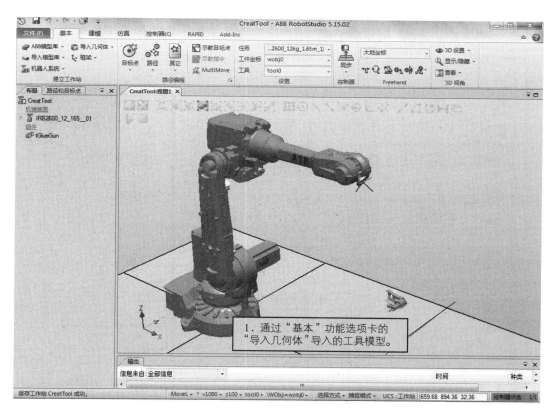

图　3-41

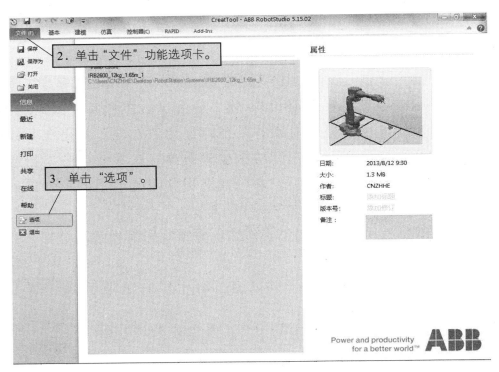

图 3-42

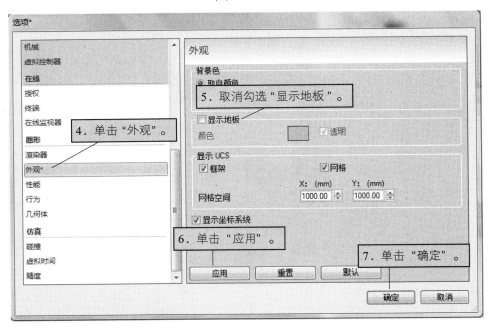

图 3-43

回到"基本"功能选项卡，观察一下工具模型。

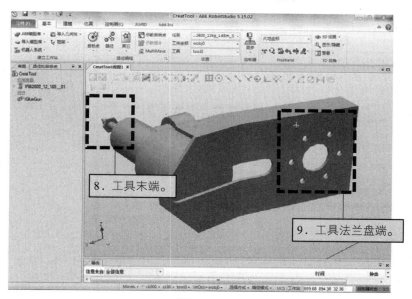

图　3-44

工具安装过程中的安装原理为：工具模型的本地坐标系与机器人法兰盘坐标系 Tool0 重合，工具末端的工具坐标系框架即作为机器人的工具坐标系，所以需要对此工具模型做两步图形处理。首先在工具法兰盘端创建本地坐标系框架，之后在工具末端创建工具坐标系框架。这样自建的工具就有了跟系统库里默认的工具同样的属性了。

首先来放置一下工具模型的位置，使其法兰盘所在面与大地坐标系正交，以便于处理坐标系的方向。

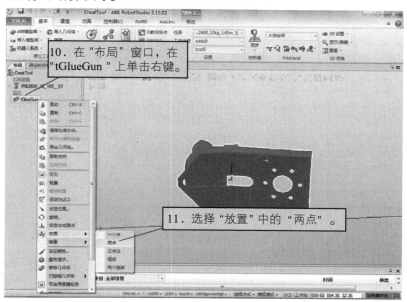

图　3-45

将工具法兰盘所在平面的上边缘与工作站大地坐标系的 X 轴重合。

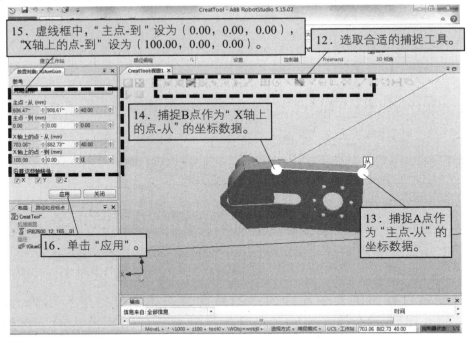

图　3-46

之后，为了便于观察及处理，将机器人模型隐藏。

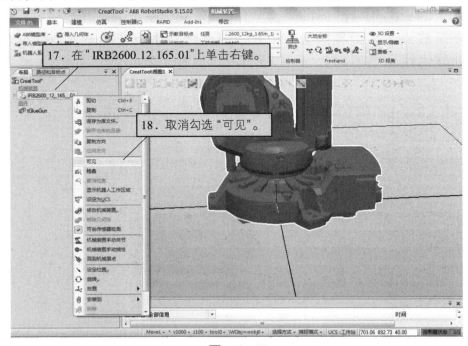

图　3-47

然后，需要将工具法兰盘圆孔中心作为该模型的本地坐标系的原点，但是由于此模型特征丢失，导致无法用现有的捕捉工具捕捉到此中心点，所以换一种方式进行。

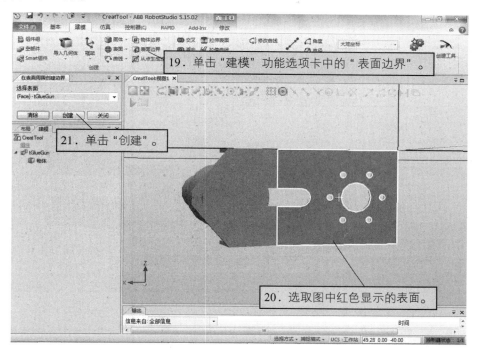

图　3-48

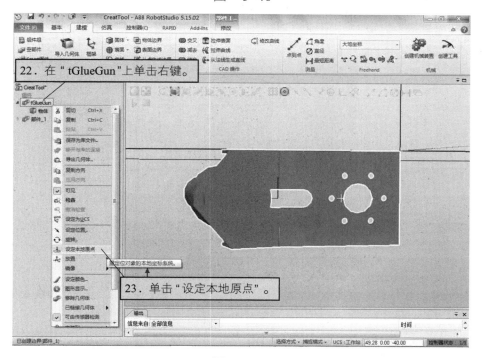

图　3-49

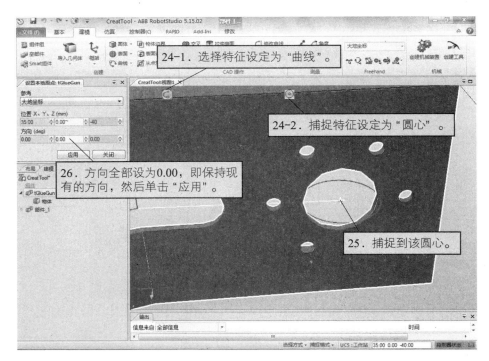

图　3-50

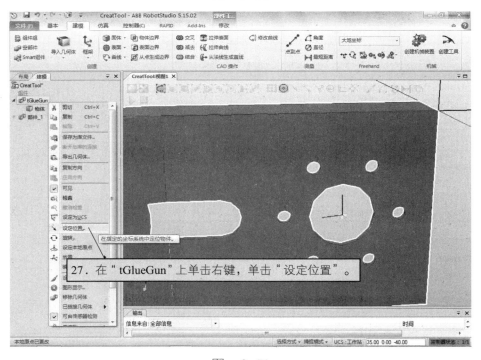

图　3-51

　　虚线框中将所有数值设定为 0.00，即将工具模型移动至工作站大地坐标原点处。

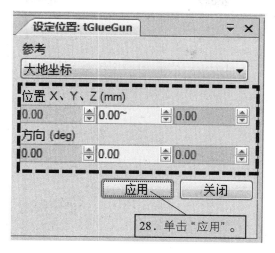

图　3-52

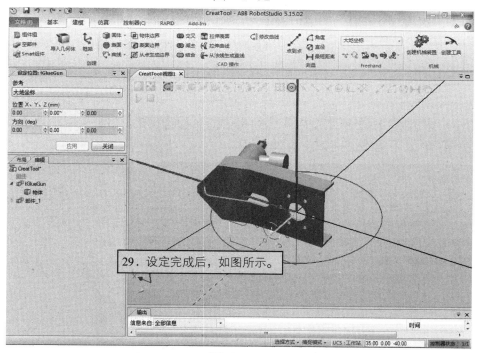

图　3-53

此时，工具模型的本地坐标系的原点已设定完成，但是本地坐标系的方向仍需进一步的设定，这样才能保证当安装到机器人法兰盘末端时能够保证其工具姿态也是所想要的。对于设定工具本地坐标系的方向，在多数情况下可参考如下设定经验：工具法兰盘表面与大地水平面重合，工具末端位于大地坐标系 X 轴负方向。

接下来设定该工具模型本地坐标系的方向。

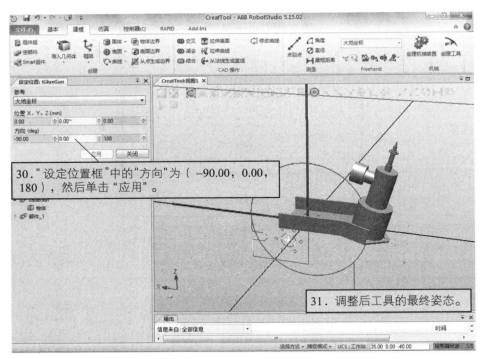

30. "设定位置框"中的"方向"为（−90.00，0.00，180），然后单击"应用"。

31. 调整后工具的最终姿态。

图　3-54

此时，大地坐标系的原点和方向与我们所想要的工具模型的本地原点和方向正好重合，下面再来设定本地原点。

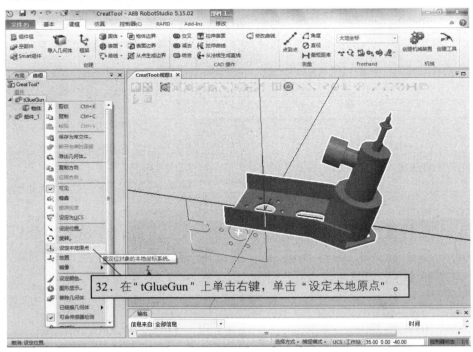

32. 在"tGlueGun"上单击右键，单击"设定本地原点"。

图　3-55

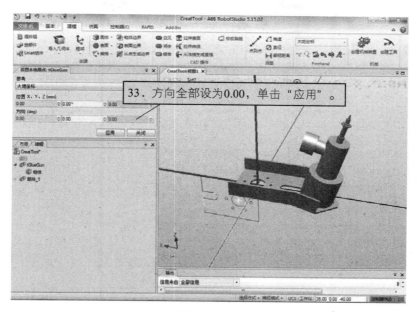

图　3-56

　　这样，该工具模型的本地坐标系的原点以及坐标系方向就已经全部设定完成了。

二、创建工具坐标系框架

　　需要在图 3-57 所示虚线框位置创建一个坐标系框架，在之后的操作中，将此框架作为工具坐标系框架。

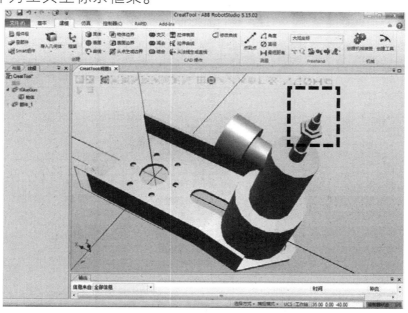

图　3-57

由于创建坐标系框架时需要捕捉原点，而工具末端特征丢失，难以捕捉到，所以此处还是采用上一任务中的方法进行。操作步骤如图 3-58～图 3-65。

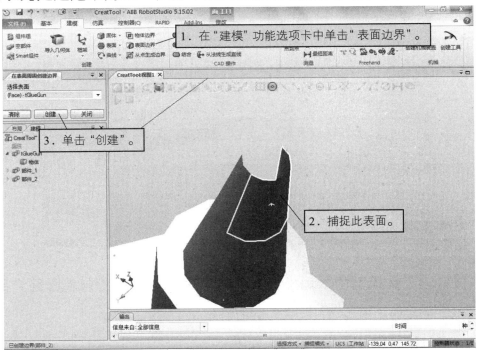

图　3-58

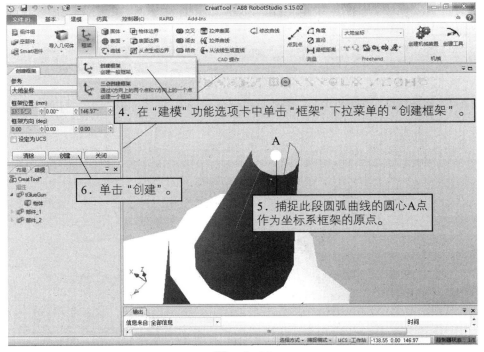

图　3-59

生成的框架如图 3-60 所示，接着设定坐标系方向，一般期望的坐标系的
Z 轴是与工具末端表面垂直的。

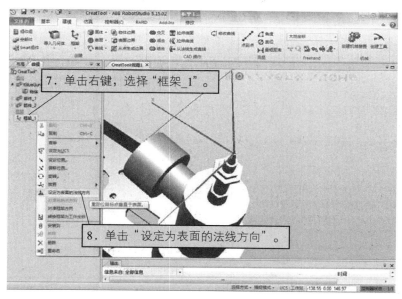

图   3-60

在 RobotStudio 中的坐标系，蓝色表示 Z 轴正方向，绿色表示 Y 轴正方向，
红色表示 X 轴正方向。

由于该工具模型末端表面丢失，所以捕捉不到，但是可以选择图 3-61 中
所示表面，因为此表面与期望捕捉的末端表面是平行关系。

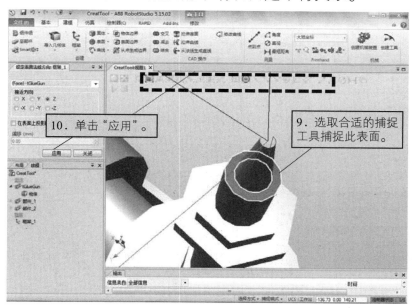

图   3-61

这样就完成了该框架 Z 轴方向的设定，至于其 X 轴和 Y 轴的朝向，一般按照经验设定，只要保证前面设定的模型本地坐标系是正确的，XY 采用默认的方向即可。创建的框架如图 3-62 所示。

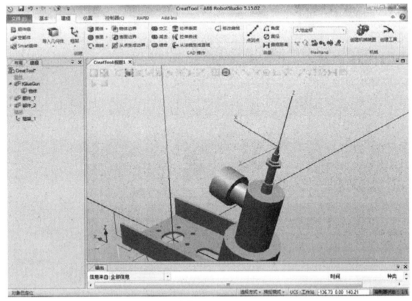

图　3-62

在实际应用过程中，工具坐标系原点一般与工具末端有一段间距，例如焊枪中的焊丝伸出的距离，或者激光切割枪、涂胶枪需与加工表面保持一定距离等。此处，只需将此框架沿着其本身的 Z 轴正向移动一定距离就能够满足实际需求。

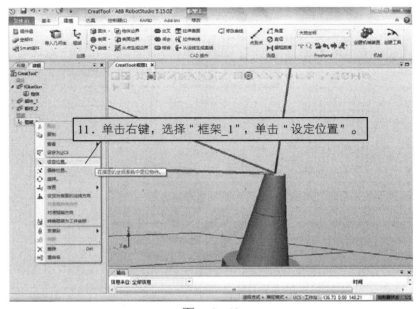

> 11. 单击右键，选择"框架_1"，单击"设定位置"。

图　3-63

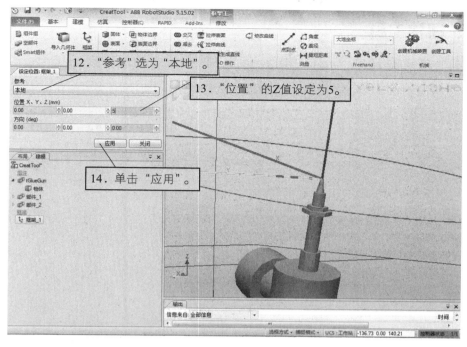

图　3-64

设定完成之后，如图 3-65 所示，这样就完成了该框架的设定。

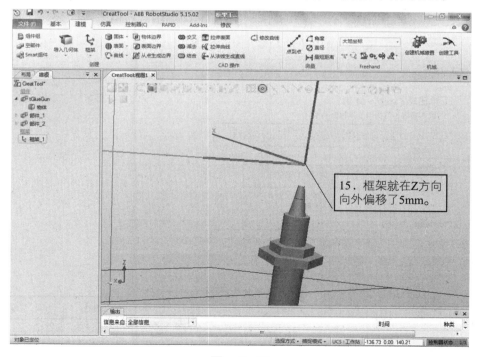

图　3-65

三、创建工具

创建工具步骤如图 3-66～图 3-73 所示。

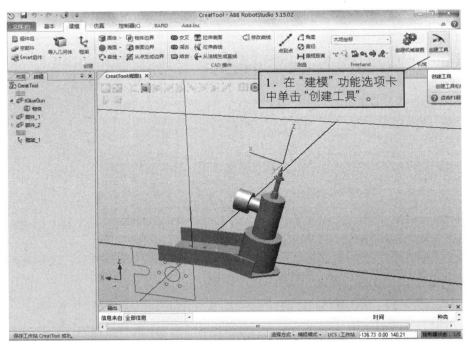

图　3-66

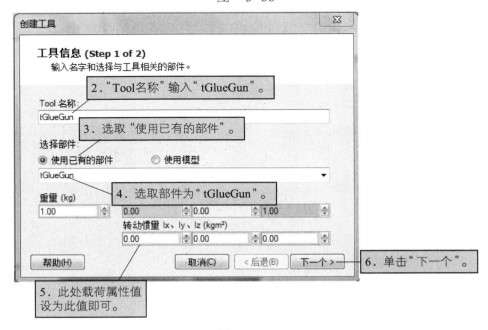

图　3-67

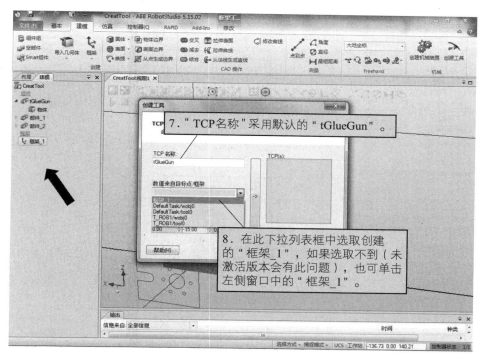

图　3-68

创建工具

TCP 信息(步骤 2 of 2)
命名和设置你的TCP(s).

TCP 名称:

tGlueGun

TCP(s):

tGlueGun

9．单击导向键，将TCP添加到右侧窗口。

数值来自目标点/框架

框架_1

位置 (mm)

-139.84~　0.00　151.80~

方向 (deg)

0.00　-15.00　0.00

10．单击"完成"。

删除

帮助(H)　　　取消(C)　　< 后退(B)　　完成

图　3-69

　　假如一个工具上面创建多个工具坐标系，那就可根据实际情况创建多个坐标系框架，然后在此视图中将所有的 TCP 依次添加到右侧窗口中。这样就完成了工具的创建过程。接下来，把创建过程中所创建的辅助图形删除掉。

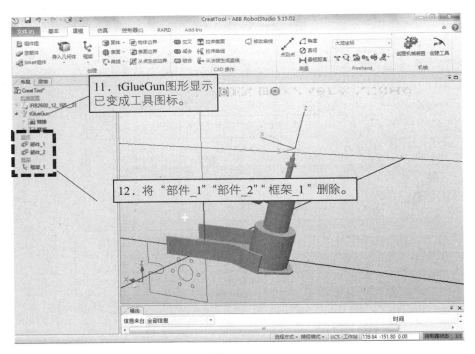

图　3-70

接下来将工具安装到机器人末端，来验证一下创建的工具是否能够满足需要。

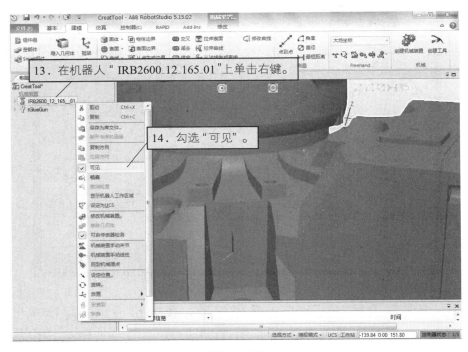

图　3-71

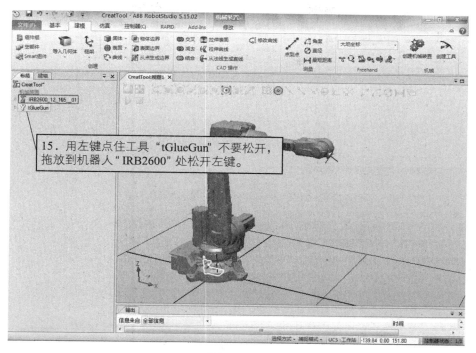

图　3-72

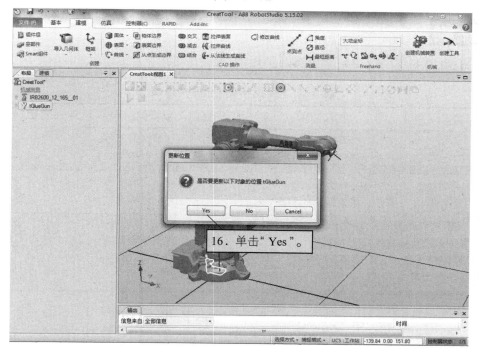

图　3-73

　　由图 3-74 我们看到，该工具已安装到机器人法兰盘处，安装位置及姿态正是所需的。至此已经完成了创建工具的整个过程。

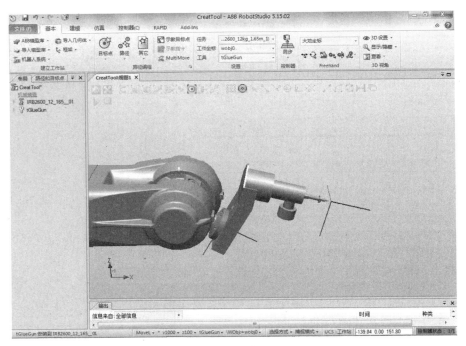

图　3-74

学习检测

自我学习检测评分表见表 3-1。

表 3-1　自我学习检测评分表

项目	技术要求	分值	评分细则	评分记录	备注
建模功能的使用	1．掌握简单建模的方法 2．掌握模型的设定	20	1．理解流程 2．操作流程		
正确使用测量工具进行测量的操作	能够正确进行长度、角度、直径、最短距离的测量	20	1．理解流程 2．操作流程		
创建机械装置	1．能够独立创建机械装置滑块、滑台 2．尝试创建旋转式的机械装置	20	1．理解流程 2．操作流程		
创建工具	1．设定本地原点 2．创建坐标系框架 3．创建工具	20	1．理解流程 2．操作流程		
安全操作	符合上机实训操作要求	20			

机器人离线轨迹编程

1. 学会创建工件的机器人轨迹曲线。
2. 学会生成工件的机器人轨迹曲线路径。
3. 学会机器人目标点的调整。
4. 学会机器人轴配置参数调整。
5. 了解离线轨迹编程的关键点。
6. 学会机器人离线轨迹编程辅助工具的使用。

任务 4-1 创建机器人离线轨迹曲线及路径

➢ **工作任务**

1. 创建机器人激光切割曲线。
2. 生成机器人激光切割路径。

➢ **实践操作**

在工业机器人轨迹应用过程中，如切割、涂胶、焊接等，常会需要处理一些不规则曲线，通常的做法是采用描点法，即根据工艺精度要求去示教相应数量的目标点，从而生成机器人的轨迹。此种方法费时、费力且不容易保证轨迹精度。图形化编程即根据 3D 模型的曲线特征自动转换成机器人的运行轨迹。此种方法省时、省力且容易保证轨迹精度。在本任务中就来学习一下根据三维模型曲线特征，如何利用 RobotStudio 自动路径功能自动生成机器人激光切割的运行轨迹路径。

一、创建机器人激光切割曲线

解压工作站，解压后如图 4-1 所示。

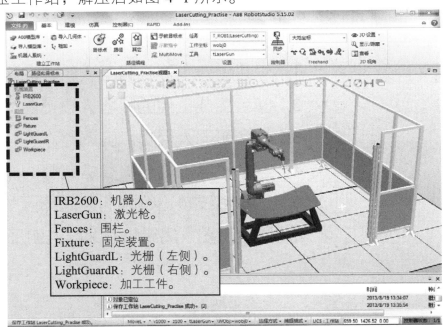

图 4-1

在本任务中，以激光切割为例，机器人需要沿着工件的外边缘进行切割，此运行轨迹为 3D 曲线，可根据现有工件的 3D 模型直接生成机器人运行轨迹，进而完成整个轨迹调试并模拟仿真运行。操作过程如图 4-2～图 4-4 所示。

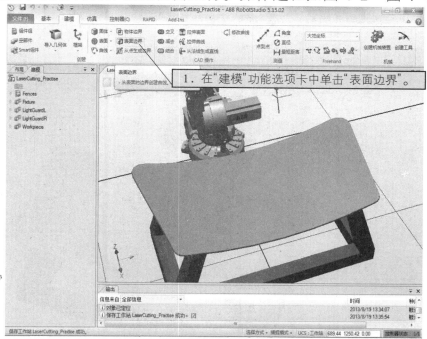

图　4-2

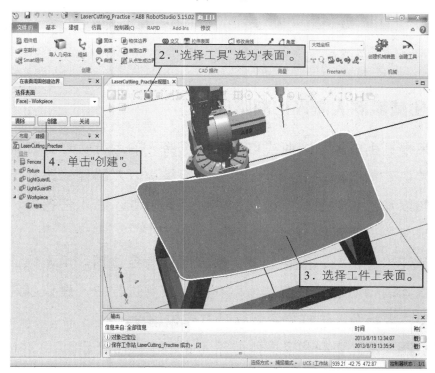

图　4-3

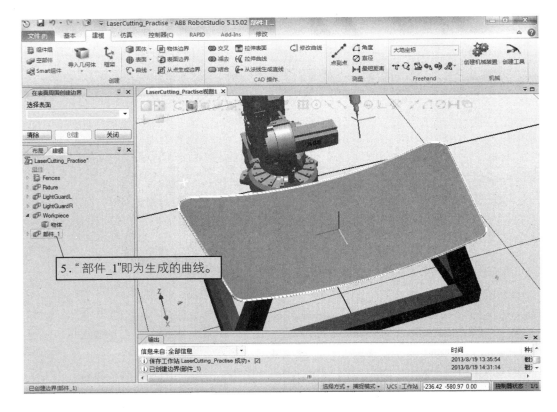

图 4-4

二、生成机器人激光切割路径

接下来根据生成的 3D 曲线自动生成机器人的运行轨迹。在轨迹应用过程中，通常需要创建用户坐标系以方便进行编程以及路径修改。用户坐标系的创建一般以加工工件的固定装置的特征点为基准。在本任务中，我们创建图 4-5 所示用户坐标系。

在实际应用过程中，固定装置上面一般设有定位销，用于保证加工工件与固定装置间的相对位置精度。所以在实际应用过程中，建议以定位销为基准来创建用户坐标系，这样更容易保证其定位精度。

生成机器人激光切割路径操作如图 4-6～图 4-16 所示。

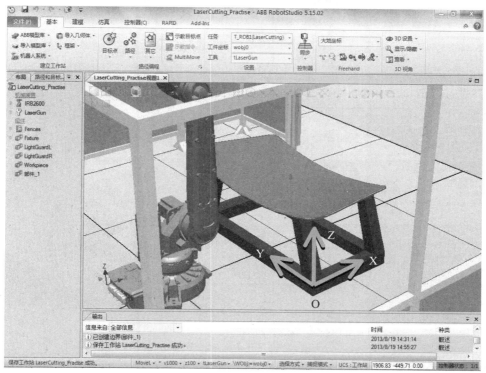

图　4-5

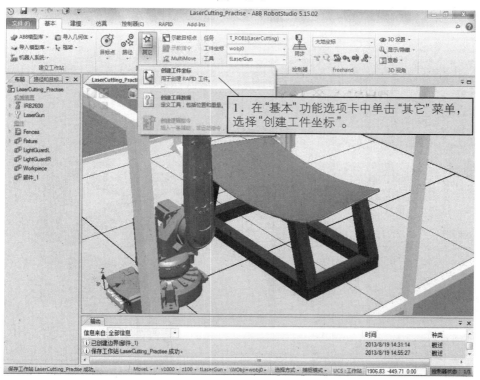

图　4-6

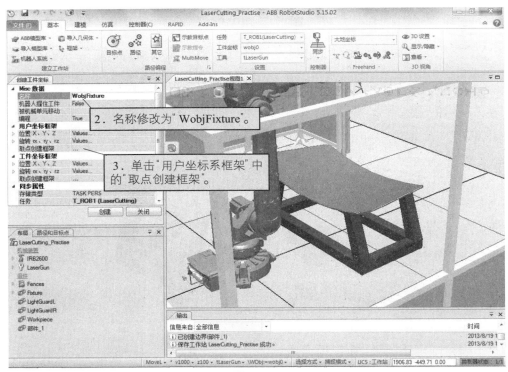

图　4-7

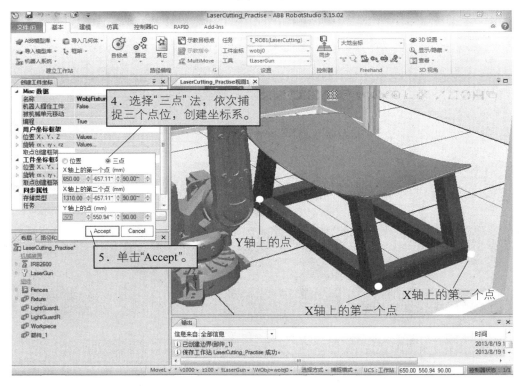

图　4-8

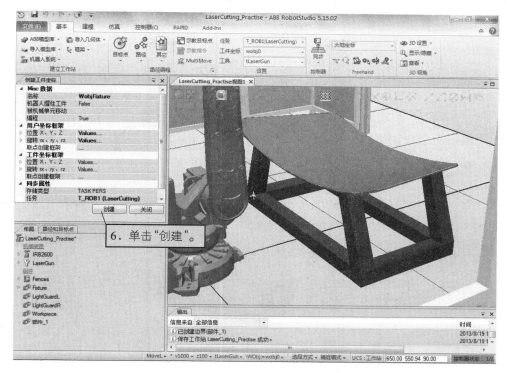

图 4-9

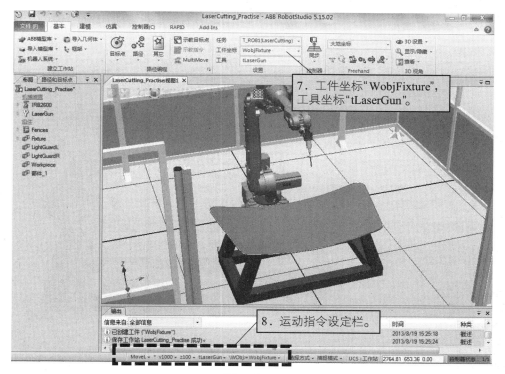

图 4-10

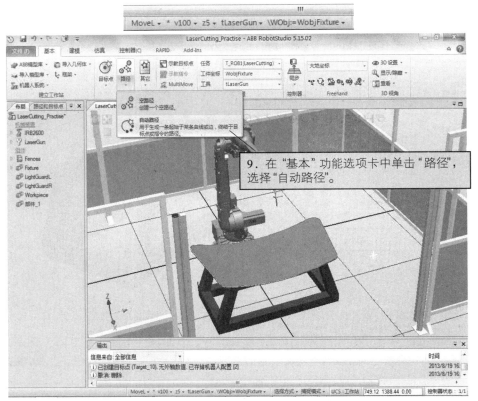

图 4-11

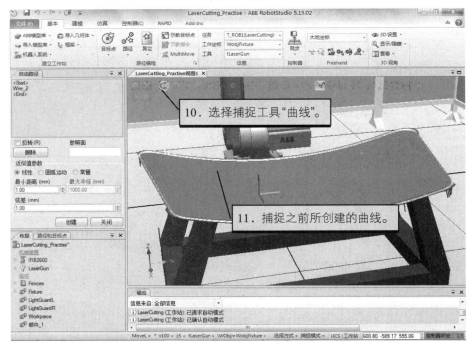

图 4-12

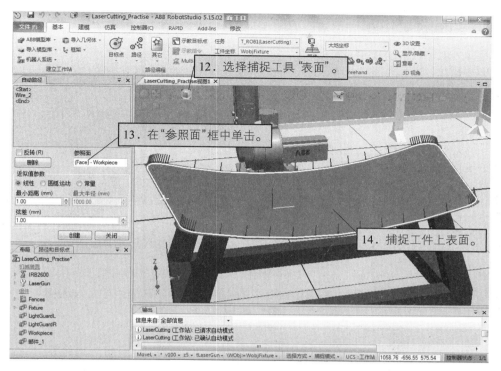

图 4-13

在图 4-13 所示"自动路径"选项框中：

反转：轨迹运行方向置反，默认为顺时针运行，反转后则为逆时针运行。

参照面：生成的目标点 Z 轴方向与选定表面处于垂直状态。

近似值参数说明见表 4-1。

表 4-1 近似参数说明

选 项	用 途 说 明
线性	为每个目标生成线性指令，圆弧作为分段线性处理
圆弧运动	在圆弧特征处生成圆弧指令，在线性特征处生成线性指令
常量	生成具有恒定间隔距离的点
属 性 值	用 途 说 明
最小距离/mm	设置两生成点之间的最小距离，即小于该最小距离的点将被过滤掉
最大半径/mm	在将圆弧视为直线前确定圆的半径大小，直线视为半径无限大的圆
弦差/mm	设置生成点所允许的几何描述的最大偏差

之后设定近似值参数，如图 4-14 所示。

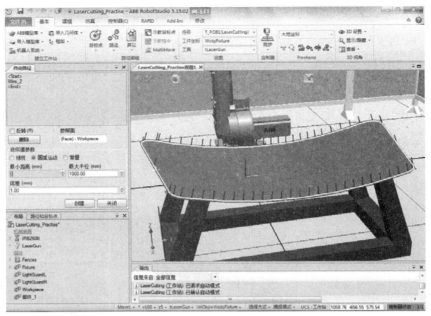

图　4-14

15．按照图4-14中所示参数设定完成之后单击"创建"。

图　4-15

需要根据不同的曲线特征来选择不同类型的近似值参数类型。通常情况下选择"圆弧运动"，这样在处理曲线时，线性部分则执行线性运动，圆弧部分则执行圆弧运动，不规则曲线部分则执行分段式的线性运动；而"线性"和"常量"都是固定的模式，即全部按照选定的模式对曲线进行处理，使用不当则会产生大量的多余点位或者路径精度不满足工艺要求。在本任务中，大家可以切换不同的近似值参数类型，观察一下自动生成的目标点位，从而进一步理解各参数类型下所生成路径的特点。

设定完成后，则自动生成了机器人路径 Path_10，在后面的任务中会对此路径进行处理，并转换成机器人程序代码，完成机器人轨迹程序的编写。

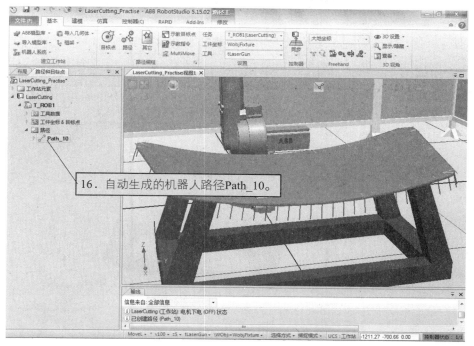

图 4-16

任务 4-2 机器人目标点调整及轴配置参数

> 工作任务

1. 机器人目标点调整。
2. 机器人轴配置参数调整。
3. 完善程序并仿真运行。
4. 了解离线轨迹编程的关键点。

> 实践操作

在前面的任务中已根据工件边缘曲线自动生成了一条机器人运行轨迹 Path_10，但是机器人暂时还不能直接按照此条轨迹运行，因为部分目标点姿态机器人还难以到达。在本任务中，就来学习如何修改目标点的姿态，从而让机器人能够达到各个目标点，然后进一步完善程序并进行仿真。

一、机器人目标点调整

机器人目标点调整过程如图 4-17～图 4-23 所示。
首先来查看一下上一个任务中自动生成的目标点。

图　4-17

在调整目标点过程中，为了便于查看工具在此姿态下的效果，可以在目标点位置处显示工具。

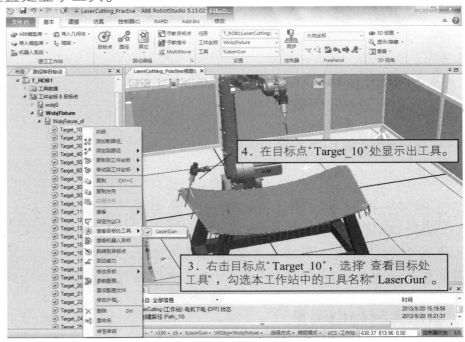

图　4-18

在图 4-18 中所示目标点 Target_10 处工具姿态，机器人难以达到该目标点，此时可以改变一下该目标点的姿态，从而使机器人能够到达该目标点。

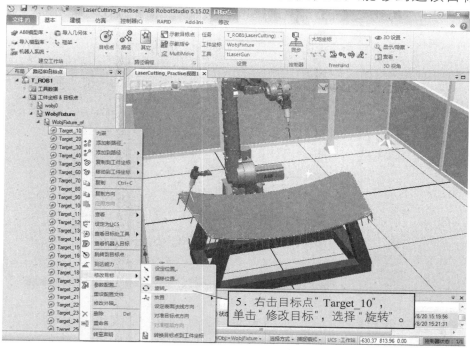

图 4-19

在该目标点处，只需使该目标点绕着其本身的 Z 轴旋转-90° 即可。

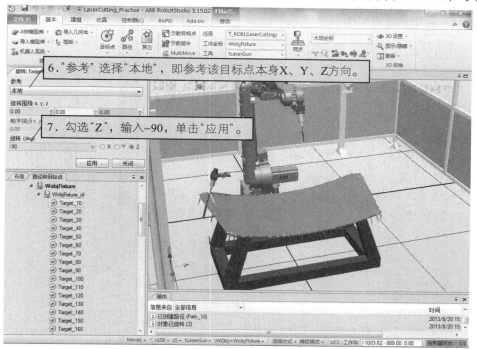

图 4-20

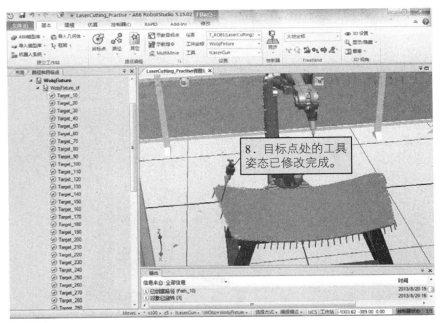

图　4-21

接着修改其他目标点，在处理大量目标点时，可以批量处理。在本任务中，当前自动生成的目标点的 Z 轴方向均为工件上表面的法线方向，此处 Z 轴无需再做更改。通过上述步骤中目标点 Target_10 的调整结果可得知，只需调整各目标点的 X 轴方向即可。

利用键盘 Shift 以及鼠标左键，选中剩余的所有目标点，然后进行统一调整。

图　4-22

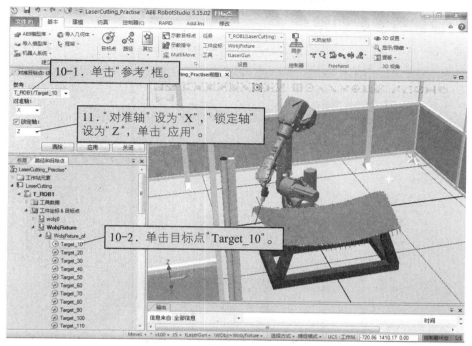

图　4-23

这样就将剩余所有目标点的 X 轴方向对准了已调整好姿态的目标点 Target_10 的 X 轴方向。选中所有目标点，即可查看到所有的目标点方向已调整完成，如图 4-24 所示。

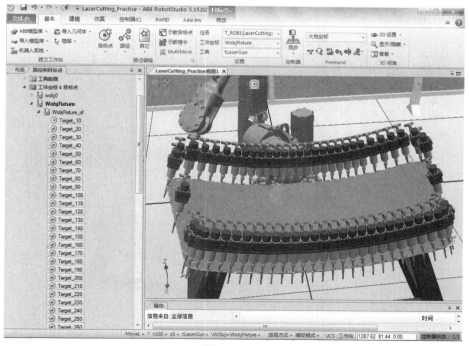

图　4-24

二、轴配置参数调整

机器人到达目标点，可能存在多种关节轴组合情况，即多种轴配置参数。需要为自动生成的目标点调整轴配置参数，过程如图 4-25～图 4-29 所示。

图 4-25

若机器人能够达到当前目标点，则在轴配置列表中可以查看到该目标点的轴配置参数。

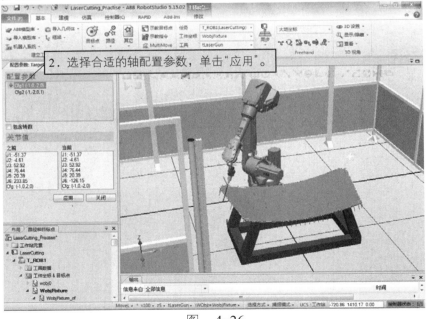

图 4-26

选择轴配置参数时，可查看该属性框中"关节值"（图 4-27）中的数值，以作参考。

"之前"：目标点原先配置对应的各关节轴度数。

"当前"：当前勾选轴配置所对应的各关节轴度数。

因机器人的部分关节轴运动范围超过 360°，例如本任务中的机器人 IRB2600 关节轴 6 的运动范围为 -400° 至 +400°，即范围为 800°，则同一个目标点位置，假如机器人关节轴 6 为 60° 时可以到达。那么关节轴 6 处于 -300° 时同样也可以到达。若想详细设定机器人到达该目标点时各关节轴的度数，可勾选"包含转数"。

本任务中，暂时使用默认的第一种轴配置参数，选择 Cfg（-1，0，-2，0），单击"应用"。

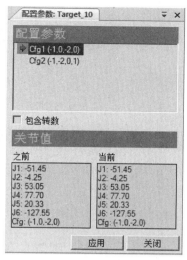

图　4-27

在路径属性中，可以为所有目标点自动调整轴配置参数。则机器人为各个目标点自动匹配轴配置参数，然后让机器人按照运动指令运行，观察机器人运动。

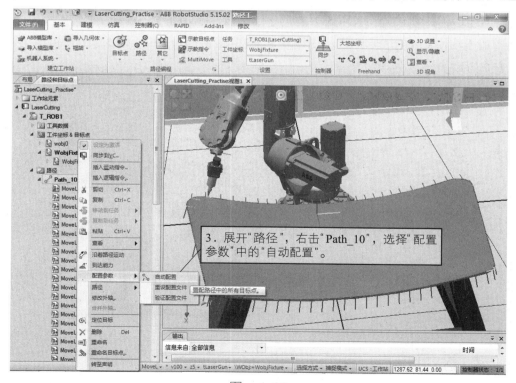

3. 展开"路径"，右击"Path_10"，选择"配置参数"中的"自动配置"。

图　4-28

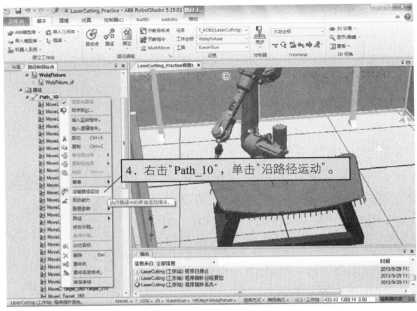

图　4-29

三、完善程序并仿真运行

轨迹完成后，下面来完善一下程序，需要添加轨迹起始接近点、轨迹结束离开点以及安全位置 HOME 点。过程如图 4-30～图 4-46 所示。

起始接近点 pApproach，相对于起始点 Target_10 来说只是沿着其本身 Z 轴负方向偏移一定距离。

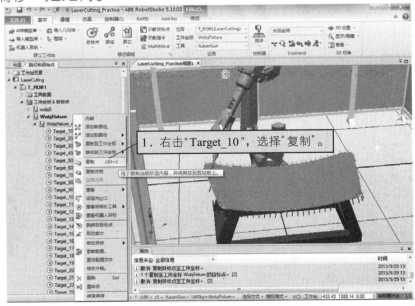

图　4-30

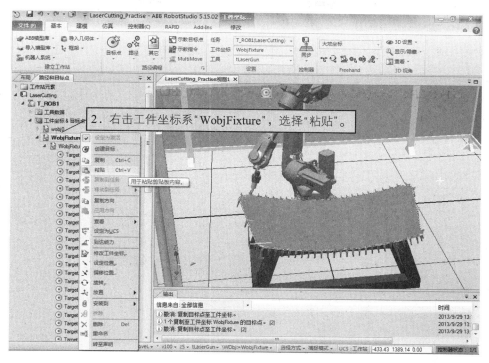

图 4-31

将复制生成的新目标点重命名为 pApproach，然后调整其位置。

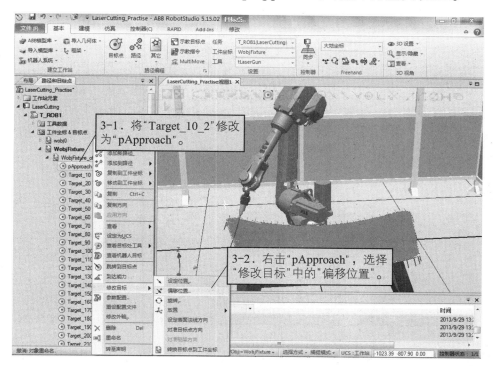

图 4-32

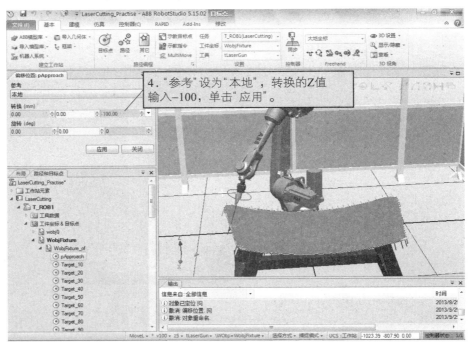

图 4-33

将该目标点添加到路径 Path_10 中的第一行。

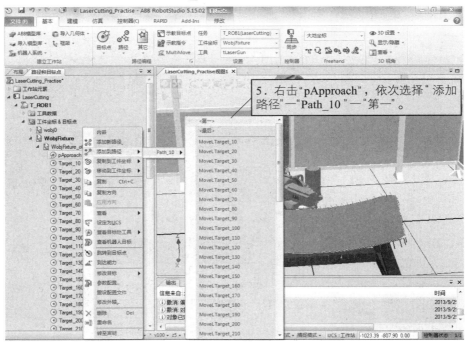

图 4-34

接着添加轨迹结束离开点 pDepart。参考上述步骤，复制轨迹的最后一个目标点"Target_630"，做偏移调整后，添加至 Path_10 的最后一行。

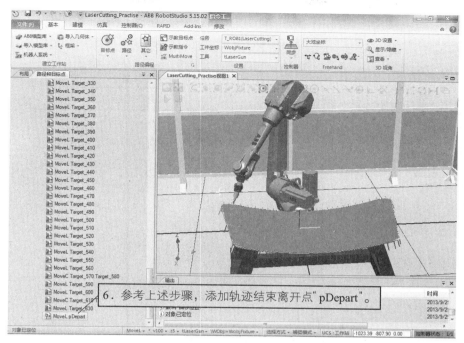

图　4-35

　　然后添加安全位置 HOME 点 pHome，为机器人示教一个安全位置点。此处作简化处理，直接将机器人默认原点位置设为 HOME 点。

　　首先在"布局"选项卡中让机器人回到机械原点。

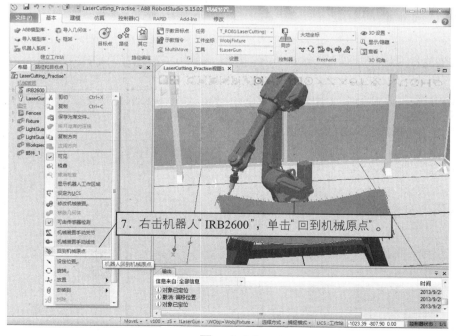

图　4-36

HOME 点一般在 Wobj0 坐标系中创建。

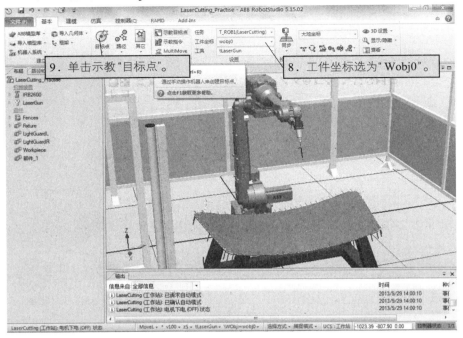

图　4-37

将示教生成的目标点重命名为 "pHome"，并将其添加到路径 Path_10 的第一行、最后一行，即运动起始点和运动结束点都在 HOME 位置。

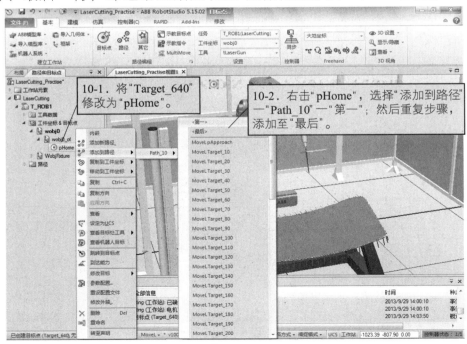

图　4-38

修改 HOME 点、轨迹起始处、轨迹结束处的运动类型、速度、转弯半径等参数。

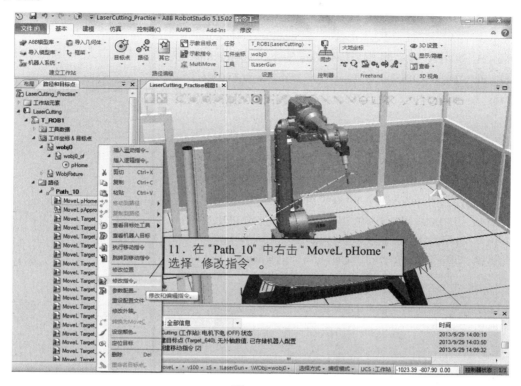

图　4-39

按照图 4-40 所示参数进行更改，更改完成后单击"应用"。

图　4-40

按照上述步骤更改轨迹起始处、轨迹结束处的运动参数。指令更改可参考如下设定：

MoveJ　pHome,v300,z20,tLaserGun\wobj:=wobj0;

MoveJ　pApproach,v100,z5,tLaserGun\ wobj:=wobjFixture;

MoveL　Target_10,v100,fine,tLaserGun\ wobj:=wobjFixture;

MoveL　Target_20,v100,z5,tLaserGun\ wobj:=wobjFixture;

MoveL　Target_30,v100,z5,tLaserGun\ wobj:=wobjFixture;

……

……

……

MoveL　Target_610,v100,z5,tLaserGun\ wobj:=wobjFixture;

MoveL　Target_620,v100,z5,tLaserGun\ wobj:=wobjFixture;

MoveL　Target_630,v100,fine,tLaserGun\ wobj:=wobjFixture;

MoveL　pDepart,v100,z20,tLaserGun\ wobj:=wobjFixture;

MoveJ　pHome,v300,fine,tLaserGun\wobj:=wobj0;

修改完成后，再次为 **Path_10** 进行一次轴配置自动调整。

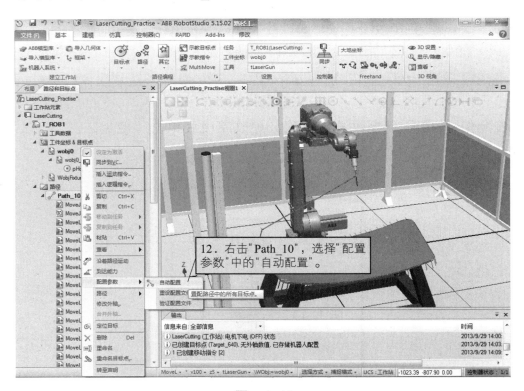

图　4-41

若无问题，则可将路径 Path_10 同步到 VC，转换成 RAPID 代码。

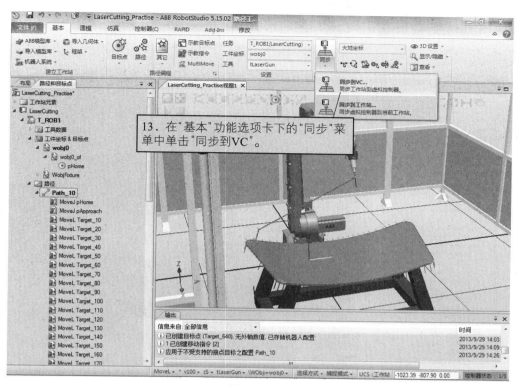

图　4-42

图　4-43

然后进行仿真设定。

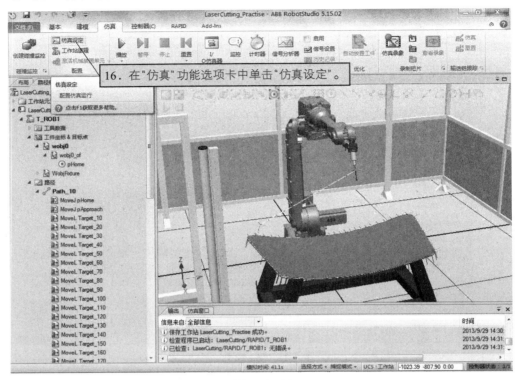

图 4-44

将 Path_10 导入到主队列中。

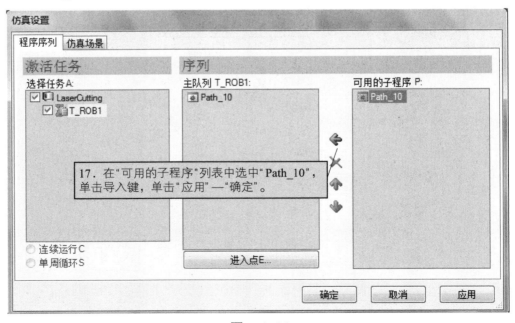

图 4-45

执行仿真，查看机器人运行轨迹。

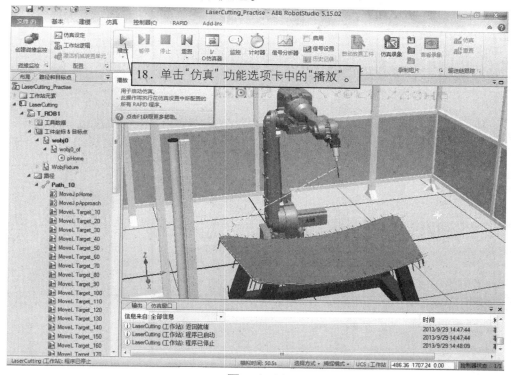

图　4-46

四、关于离线轨迹编程的关键点

在离线轨迹编程中，最为关键的三步是图形曲线、目标点调整、轴配置调整，在此作几点说明：

1. 图形曲线

1）生成曲线，除了本任务中"先创建曲线再生成轨迹"的方法外，还可以直接去捕捉 3D 模型的边缘进行轨迹的创建，如图 4-47 所示。在创建自动路径时，可直接用鼠标去捕捉边缘，从而生成机器人运动轨迹。

2）对于一些复杂的 3D 模型，导入到 RobotStudio 中后，其某些特征可能会出现丢失，此外 RobotStudio 专注于机器人运动，只提供基本的建模功能，所以在导入 3D 模型之前，建议在专业的制图软件中进行处理，可以在数模表面绘制相关曲线，导入 RobotStudio 后，根据这些已有的曲线直接转换成机器人轨迹。例如利用 SolidWorks 软件"特征"菜单中的"分割线"功能就能够在 3D 模型上面创建实体曲线。

3）在生成轨迹时，需要根据实际情况，选取合适的近似值参数并调整数值大小，如图 4-48 所示。

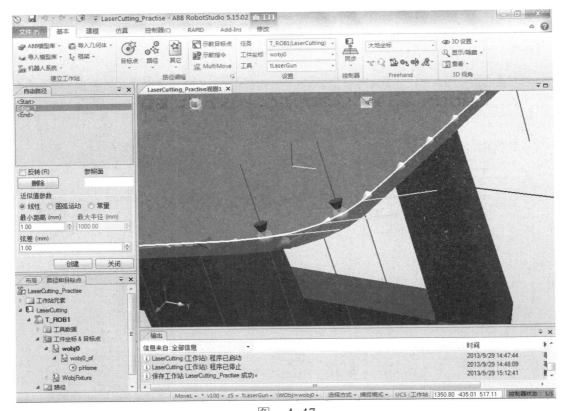

图 4-47

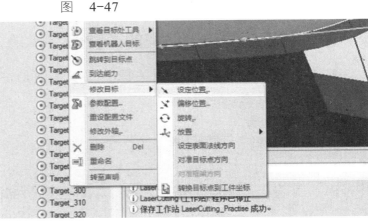

图 4-48

2. 目标点调整

目标点调整方法有多种，在实际应用过程中，单单使用一种调整方法难以将目标点一次性调整到位，尤其是对工具姿态要求较高的工艺需求场合中，通常是综合运用多种方法进行多次调整。建议在调整过程中先对单一目标点进行调整，反复尝试调整完成后，其他目标点某些属性可以参考调整好的第一个目标点进行方向对准。

3. 轴配置调整

在为目标点配置轴配置过程中,若轨迹较长,可能会遇到相邻两个目标点之间轴配置变化过大,从而在轨迹运行过程中出现"机器人当前位置无法跳转到目标点位置,请检查轴配置"等问题。此时,我们可以从以下几项措施着手进行更改:

1)轨迹起始点尝试使用不同的轴配置参数,如有需要可勾选"包含转数"之后再选择轴配置参数。

2)尝试更改轨迹起始点位置。

3)SingArea、ConfL、ConfJ 等指令的运用(可参考 www.robotpartner.cn\abb 链接中相关教程视频内容)。

任务 4-3 机器人离线轨迹编程辅助工具

➢ **工作任务**

1. 机器人碰撞监控功能的使用。
2. 机器人 TCP 跟踪功能的使用。

➢ **实践操作**

在仿真过程中,规划好机器人运行轨迹后,一般需要验证当前机器人轨迹是否会与周边设备发生干涉,则可使用碰撞监控功能进行检测;此外,机器人执行完运动后,我们需要对轨迹进行分析,机器人轨迹到底是否满足需求,则可通过 TCP 跟踪功能将机器人运行轨迹记录下来,用做后续分析资料。

一、机器人碰撞监控功能的使用

模拟仿真的一个重要任务是验证轨迹可行性,即验证机器人在运行过程中是否会与周边设备发生碰撞。此外在轨迹应用过程中,例如焊接、切割等,机器人工具实体尖端与工件表面的距离需保证在合理范围之内,即既不能与工件发生碰撞,也不能距离过大,从而保证工艺需求。在 RobotStudio 软件的"仿真"功能选项卡中有专门用于检测碰撞的功能——碰撞监控。使用碰撞监控功能过程如图 4-49~图 4-57 所示。

在布局窗口中生成了"碰撞检测设定_1"。

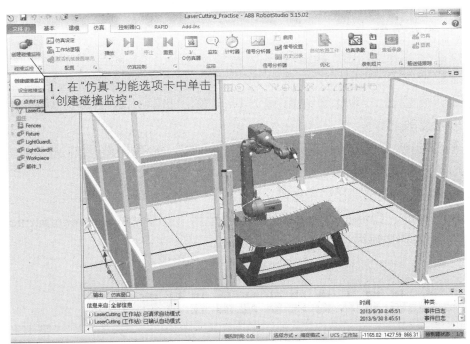

1. 在"仿真"功能选项卡中单击"创建碰撞监控"。

图 4-49

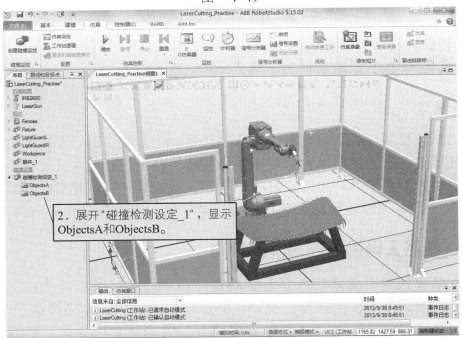

2. 展开"碰撞检测设定_1",显示ObjectsA和ObjectsB。

图 4-50

碰撞集包含 ObjectA 和 ObjectB 两组对象。我们需要将检测的对象放入到两组中,从而检测两组对象之间的碰撞。当 ObjectA 内任何对象与 ObjectB 内任何对象发生碰撞,此碰撞将显示在图形视图里并记录在输出窗口内。可在工作站内设置多个碰撞集，但每一碰撞集仅能包含两组对象。

在布局窗口中，可以用鼠标左键点中需要检测的对象，不要松开，将其拖放到对应的组别。

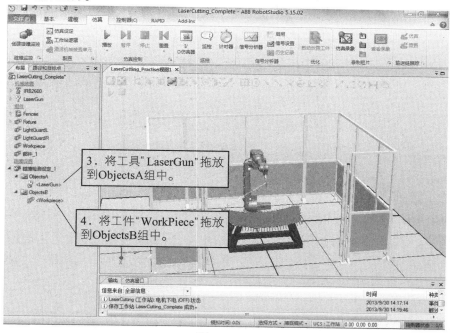

图 4-51

然后设定碰撞监控属性。

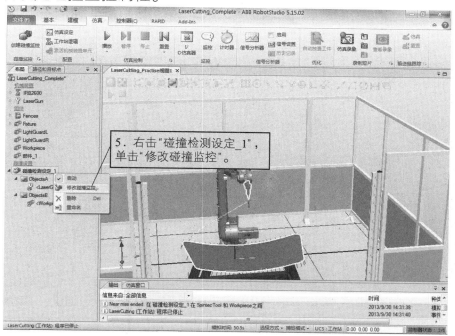

图 4-52

"修改碰撞设置：碰撞检测设定_1"对话框如图4-53所示。

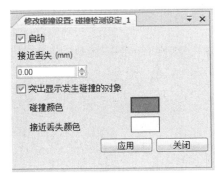

图　4-53

接近丢失：选择的两组对象之间的距离小于该数值时，则颜色提示。

碰撞：选择的两组对象之间发生了碰撞，则显示颜色。

两种监控均有对应的颜色设置。

在此处，先暂时不设定接近丢失数值，碰撞颜色默认红色；然后可以先利用手动拖动的方式，拖动机器人工具与工件发生碰撞，查看一下碰撞监控效果。

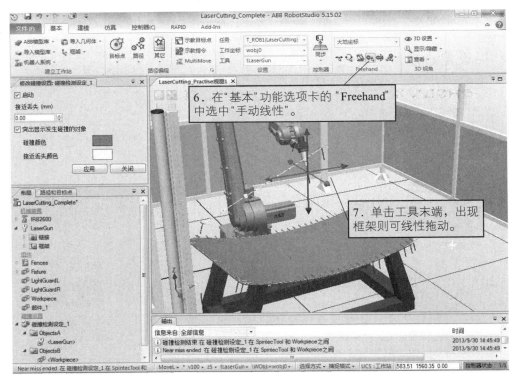

图　4-54

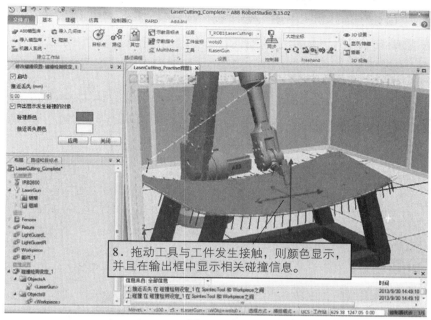

图 4-55

接下来我们设定接近丢失。在本任务中,机器人工具 TCP 的位置相对于工具的实体尖端来说,沿着其 Z 轴正方向偏移了 5mm,这样在接近丢失中设定 6mm,则机器人在执行整体轨迹的过程中,则可监控机器人工具是否与工件之间距离过远,若过远则不显示接近丢失颜色;同时可监控工具与工件之间是否发生碰撞,若碰撞则显示碰撞颜色。

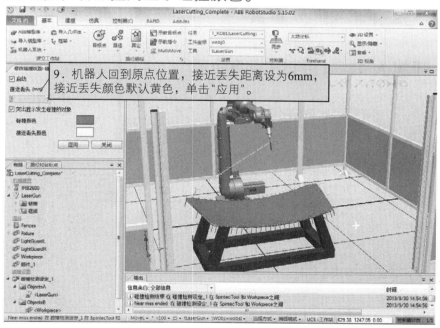

图 4-56

最后执行仿真，则初始接近过程中，工具和工件都是初始颜色，而当开始执行工件表面轨迹时，工具和工件则显示接近丢失颜色。界面如图 4-57 所示。

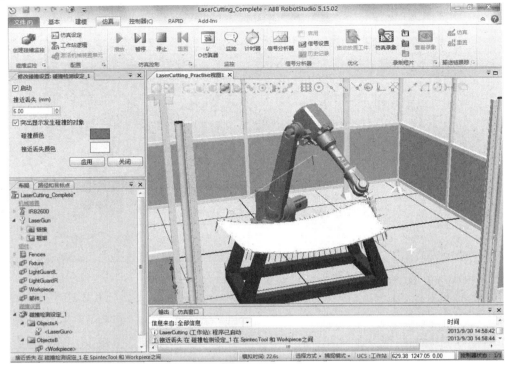

图 4-57

显示此颜色，即证明机器人在运行该轨迹过程中，工具既未与工件距离过远，又未与工件发生碰撞。

二、机器人 TCP 跟踪功能的使用

在机器人运行过程中，我们可以监控 TCP 的运动轨迹以及运动速度，以便分析时用。

为了便于观察，先将之前的碰撞监控关闭。使用过程如图 4-58～图 4-66 所示。

图 4-58

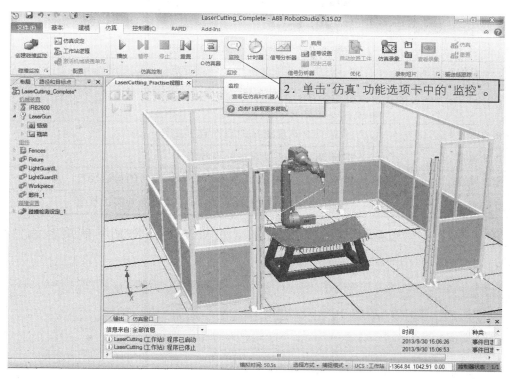

图 4-59

仿真监控对话框如图 4-60 所示。

图 4-60

"TCP 跟踪"选项卡说明见表 4-2。

表 4-2 "TCP 跟踪"选项卡说明

启用 TCP 跟踪	选中此复选框可对选定机器人的 TCP 路径启动跟踪
跟踪长度	指定最大轨迹长度（以毫米为单位）
追踪轨迹颜色	当未启用任何警告时显示跟踪的颜色。要更改提示颜色，单击彩色框
提示颜色	当"警告"选项卡上所定义的任何警告超过临界值时，显示跟踪的颜色。要更改提示颜色，单击彩色框
清除轨迹	单击此按钮可从图形窗口中删除当前跟踪

"警告"选项卡说明见表4-3。

表4-3 "警告"选项卡说明

使用仿真提醒	选中此复选框可对选定机器人启动仿真提醒
在输出窗口显示提示信息	选中此复选框可在超过临界值时查看警告消息。如果未启用TCP跟踪,则只显示警报
TCP速度	指定TCP速度警报的临界值
TCP加速度	指定TCP加速度警报的临界值
手腕奇异点	指定在发出警报之前关节五与零点旋转的接近程度
关节限值	指定在发出警报之前每个关节与其限值的接近程度

为了便于观察以后记录的TCP轨迹,此处先将工作站中的路径和目标点隐藏。

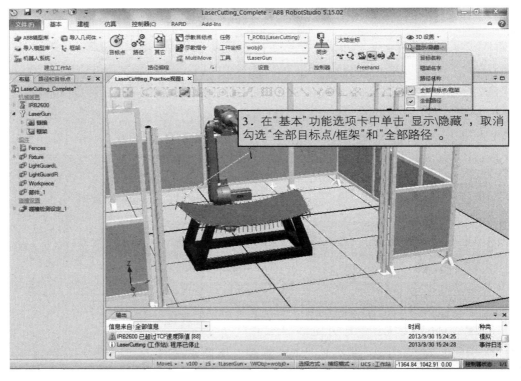

图 4-61

本任务中作如下监控:

记录机器人切割任务的轨迹,轨迹颜色为黄色,为保证记录长度,可将跟踪长度设定得大一些;监控机器人速度是否超350mm/s,警告颜色为红色。

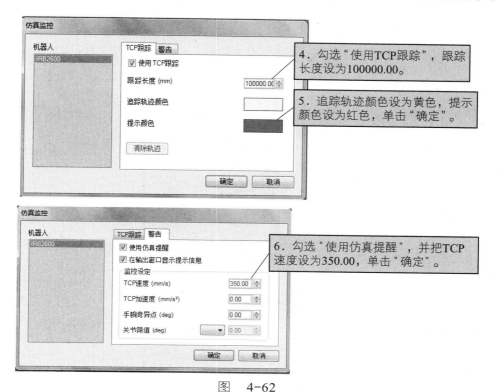

4. 勾选"使用TCP跟踪",跟踪长度设为100000.00。

5. 追踪轨迹颜色设为黄色,提示颜色设为红色,单击"确定"。

6. 勾选"使用仿真提醒",并把TCP速度设为350.00,单击"确定"。

图 4-62

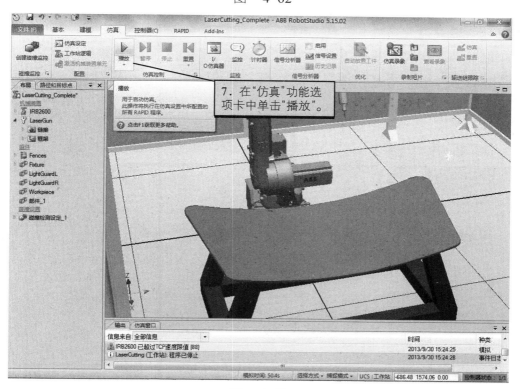

7. 在"仿真"功能选项卡中单击"播放"。

图 4-63

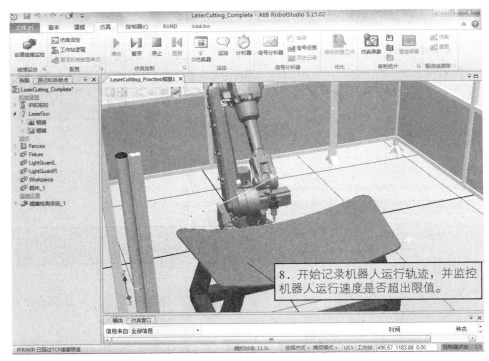

图　4-64

机器人运行完成后，可根据记录的机器人轨迹进行分析。完成后的界面如图 4-65 所示。

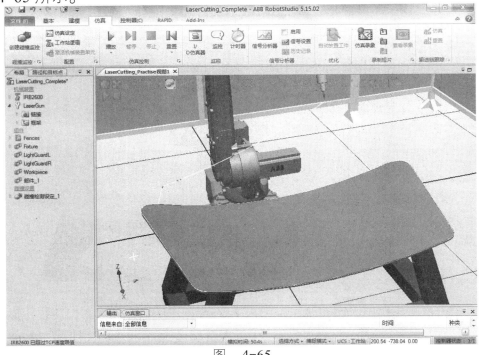

图　4-65

若想清除记录的轨迹，可在"仿真监控"对话框中清除。

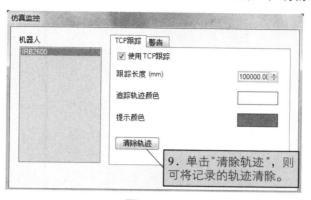

图 4-66

学习检测

自我学习检测评分表见表4-4。

表4-4 自我学习检测评分表

项目	技术要求	分值	评分细则	评分记录	备注
创建机器人离线轨迹曲线	熟练操作创建机器人离线轨迹曲线	20	1．理解流程 2．操作流程		
生成机器人离线轨迹曲线路径	熟练操作生成机器人离线轨迹曲线路径	20	1．理解流程 2．操作流程		
机器人目标点调整及轴配置参数	1．学会机器人目标点调整 2．学会机器人轴配置参数调整 3．完善程序并仿真运行	20	1．理解流程 2．操作流程		
离线轨迹编程的关键点	灵活运用离线轨迹编程技巧	10	理解与掌握		
机器人离线轨迹编程辅助工具	1．学会机器人碰撞监控功能的使用 2．学会机器人TCP跟踪功能的使用	10	1．理解流程 2．操作流程		
安全操作	符合上机实训操作要求	20			

项目 5

Smart 组件的应用

教学目标

1. 了解什么是 Smart 组件。
2. 学会用 Smart 组件创建动态输送链。
3. 学会用 Smart 组件创建动态夹具。
4. 学会设定 Smart 组件工作站逻辑。
5. 了解 Smart 组件的子组件功能。

任务 5-1 用 Smart 组件创建动态输送链 SC_InFeeder

➢ **工作任务**

1. 应用 Smart 组件设定输送链产品源。
2. 应用 Smart 组件设定输送链运动属性。
3. 应用 Smart 组件设定输送链限位传感器。
4. 创建 Smart 组件的属性与连结。
5. 创建 Smart 组件的信号与连接。
6. Smart 组件的模拟动态运行。

➢ **实践操作**

在 RobotStudio 中创建码垛的仿真工作站，输送链的动态效果对整个工作站起到一个关键的作用。Smart 组件功能就是在 RobotStudio 中实现动画效果的高效工具。下面创建一个拥有动态属性的 Smart 输送链来体验一下 Smart 组件的强大功能。Smart 组件输送链动态效果包含：输送链前端自动生成产品、产品随着输送链向前运动、产品到达输送链末端后停止运动、产品被移走后输送链前端再次生成产品……，依次循环。

一、设定输送链的产品源（Source）

设定输送链的产品源过程如图 5-1～图 5-4 所示。

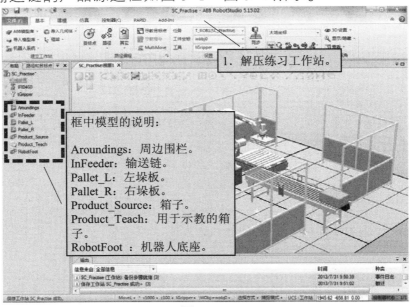

图 5-1

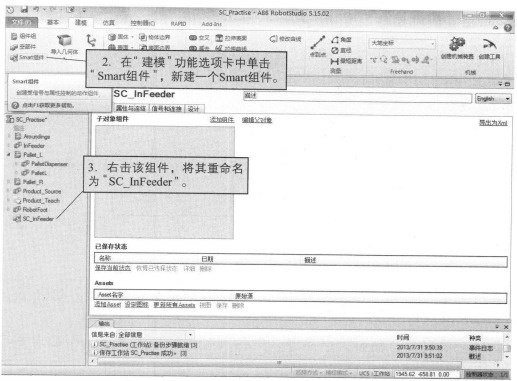

图 5-2

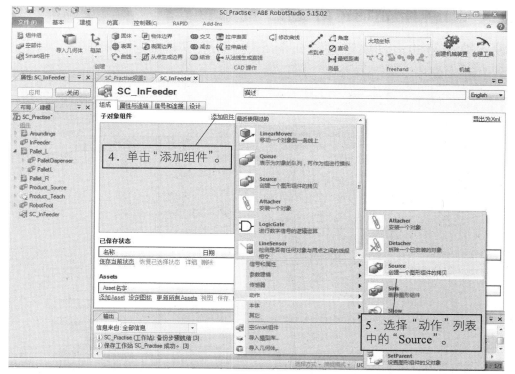

图 5-3

Source 组件的属性设置如图 5-4 所示。

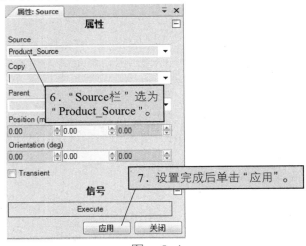

图　5-4

子组件 Source 用于设定产品源，每当触发一次 Source 执行，都会自动生成一个产品源的复制品。

此处将要码垛产品设为产品源，则每次触发后都会产生一个码垛产品的复制品。

二、设定输送链的运动属性

设定输送链的运动属性过程如图 5-5～图 5-7 所示。

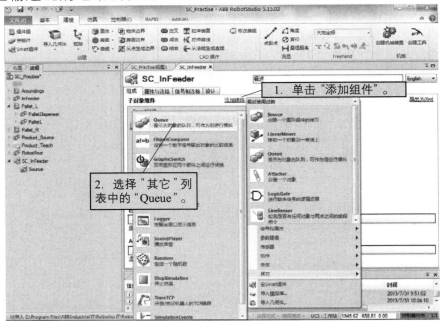

图　5-5

子组件 Queue 可以将同类型物体作队列处理，此处 Queue 暂时不需要设置其属性。

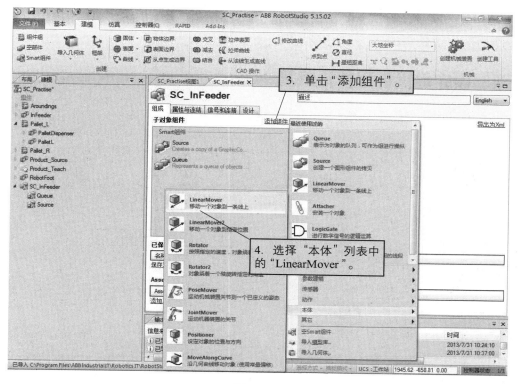

图　5-6

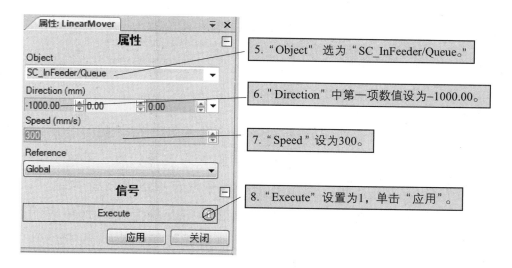

图　5-7

　　子组件 LinearMover 设定运动属性，其属性包含指定运动物体、运动方向、运动速度、参考坐标系等，此处将之前设定的 Queue 设为运动物体，运动方向为大地坐标的 X 轴负方向-1000.00mm，速度为 300mm/s，将 Execute 设置为 1，则该运动处于一直执行的状态。

三、设定输送链限位传感器

　　设定输送链限位传感器过程如图 5-8～图 5-15 所示。

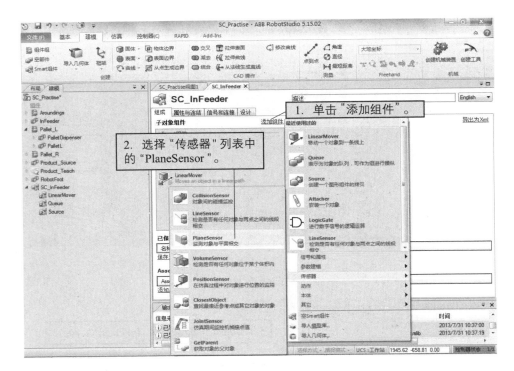

图　5-8

　　在输送链末端的挡板处设置面传感器，设定方法为捕捉一个点作为面的原点 A，然后设定基于原点 A 的两个延伸轴的方向及长度（参考大地坐标方向），这样就构成一个平面，按照图中所示来设定原点以及延伸轴。

　　在此工作站中，也可以直接将下图属性框中的数值输入到对应的数值框中，来创建图中红色显示的平面，此平面作为面传感器来检测产品到位，并会自动输出一个信号，用于逻辑控制。

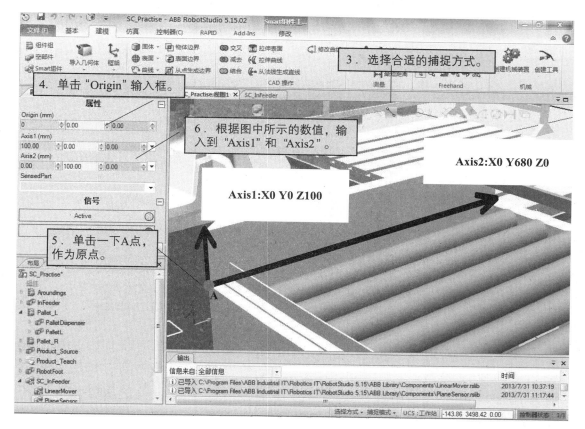

139

图　5-9

图　5-10

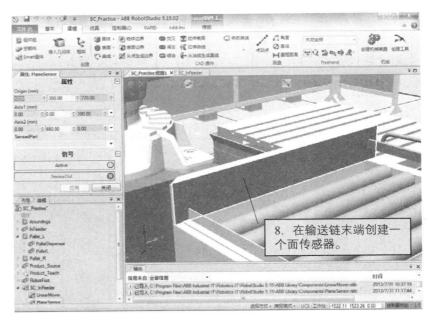

图 5-11

虚拟传感器一次只能检测一个物体，所以这里需要保证所创建的传感器不能与周边设备接触，否则无法检测运动到输送链末端的产品。可以在创建时避开周边设备，但通常将可能与该传感器接触的周边设备的属性设为"不可由传感器检测"。

图 5-12

　　为了方便处理输送链，将 InFeeder 也放到 Smart 组件中，用左键点住 InFeeder 不要松开，将其拖放到 SC_InFeeder 处再松开左键。

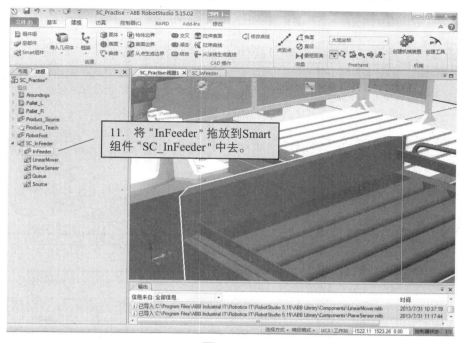

图　5-13

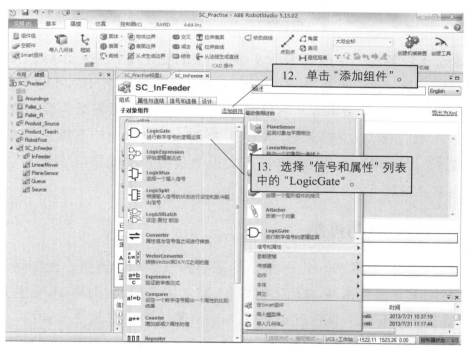

图　5-14

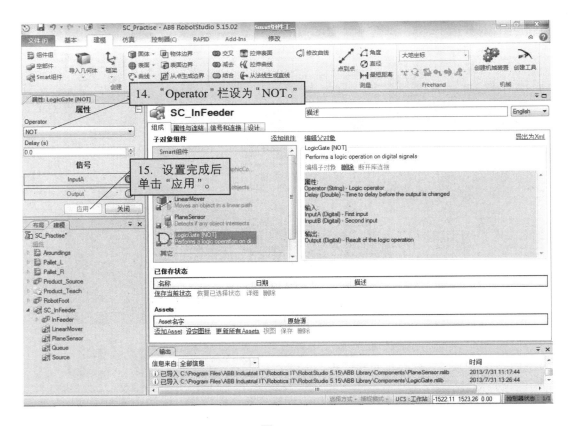

图 5-15

在 Smart 组件应用中只有信号发生 0→1 的变化时，才可以触发事件。假如有一个信号 A，我们希望当信号 A 由 0 变 1 时触发事件 B1，信号 A 由 1 变 0 时触发事件 B2；前者可以直接连接进行触发，但是后者就需要引入一个非门与信号 A 相连接，这样当信号 A 由 1 变 0 时，经过非门运算之后则转换成了由 0 变 1，然后再与事件 B2 连接，实现的最终效果就是当信号 A 由 1 变 0 时触发了事件 B2。

四、创建属性与连结

属性连结指的是各 Smart 子组件的某项属性之间的连结，例如组件 A 中的某项属性 a1 与组件 B 中的某项属性 b1 建立属性连结，则当 a1 发生变化时，b1 也会随着一起变化。属性连结是在 Smart 窗口中的"属性与连结"选项卡中进行设定的。过程如图 5-16、图 5-17 所示。

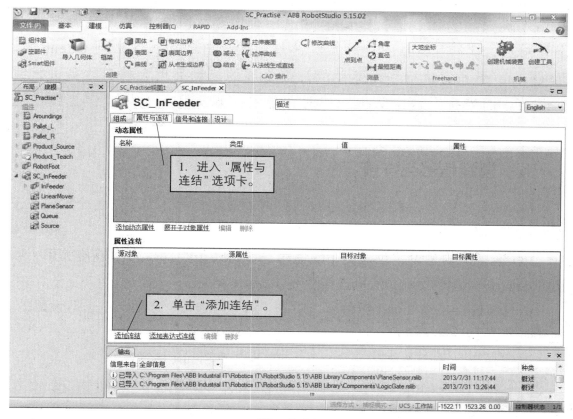

图　5-16

　　属性与连结里面的动态属性用于创建动态属性以及编辑现有动态属性，这里暂不涉及此类设定。

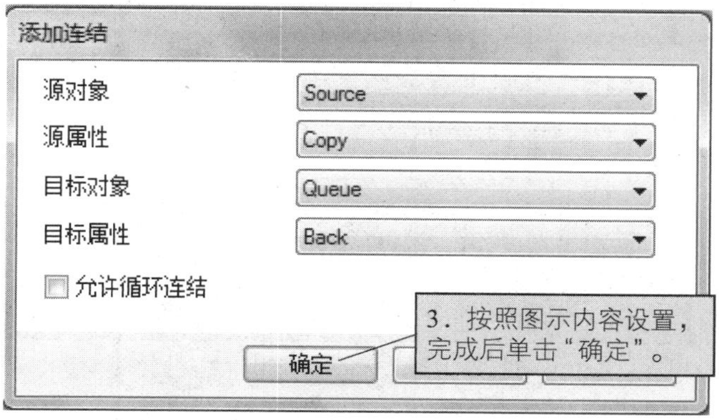

图　5-17

Source 的 Copy 指的是源的复制品，Queue 的 Back 指的是下一个将要加入队列的物体。通过这样的连结，可实现本任务中的产品源产生一个复制品，执行加入队列动作后，该复制品会自动加入到队列 Queue 中，而 Queue 是一直执行线性运动的，则生成的复制品也会随着队列进行线性运动，而当执行退出队列操作时，复制品退出队列之后就停止线性运动了。

五、创建信号与连接

I/O 信号指的是在本工作站中自行创建的数字信号，用于与各个 Smart 子组件进行信号交互。

I/O 连接指的是设定创建的 I/O 信号与 Smart 子组件信号的连接关系，以及各 Smart 子组件之间的信号连接关系。

信号与连接是在 Smart 组件窗口中的"信号与连接"选项卡中进行设置的。过程如图 5-18～图 5-27 所示。

首先来添加一个数字信号 diStart，用于启动 Smart 输送链。

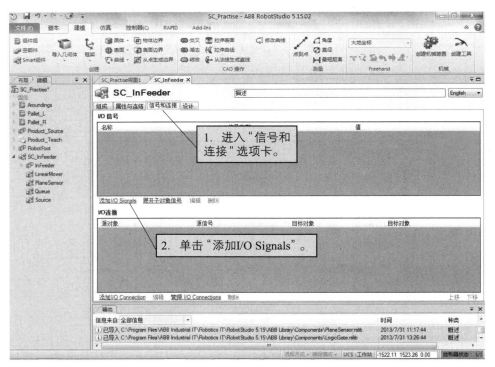

图　5-18

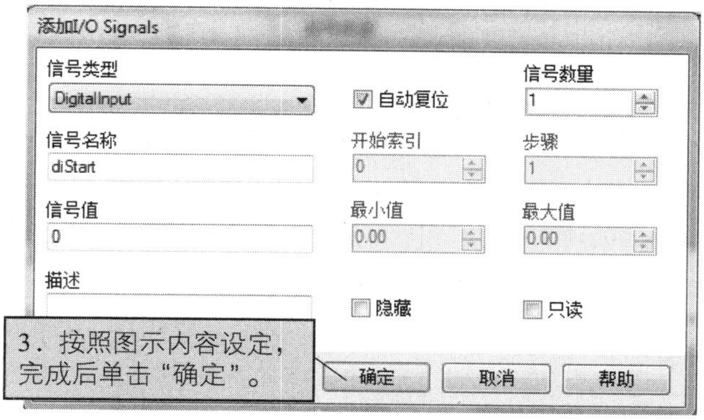

图　5-19

接下来添加一个输出信号 doBoxInPos，用做产品到位输出信号。

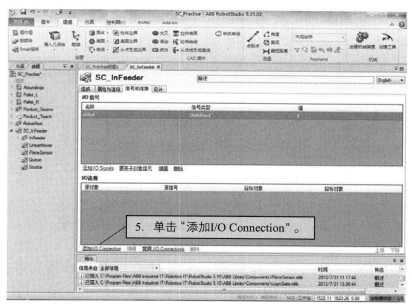

图　5-20

然后建立 I/O 连接。

5. 单击"添加I/O Connection"。

图　5-21

需要依次添加图 5-22 所示几个 I/O 连接（I/O Connection）。

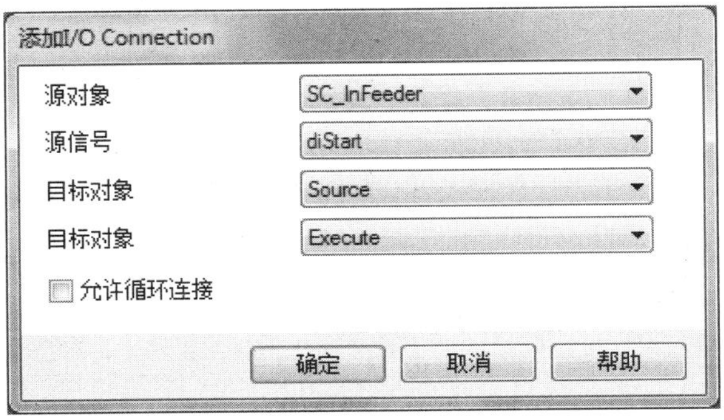

图　5-22

创建的 diStart 去触发 Source 组件执行动作，则产品源会自动产生一个复制品，设置如图 5-23 所示。

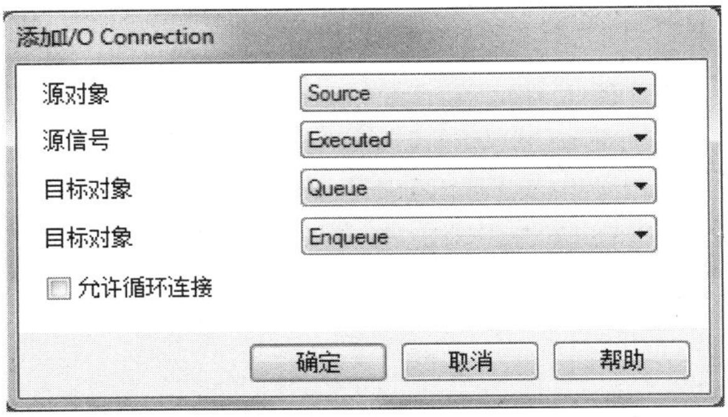

图　5-23

产品源产生的复制品完成信号触发 Queue 的加入队列动作，则产生的复制品自动加入队列 Queue，设置如图 5-24 所示。

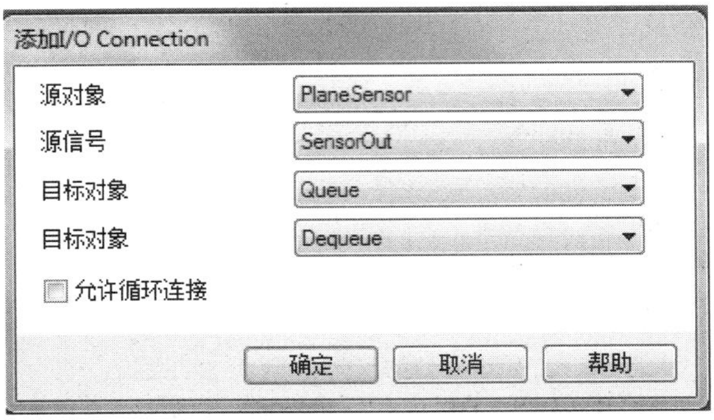

图　5-24

当复制品与输送链末端的传感器发生接触后，传感器将其本身的输出信号 SensorOut 置为 1，利用此信号触发 Queue 的退出队列动作，则队列里面的复制品自动退出队列，设置如图 5-25 所示。

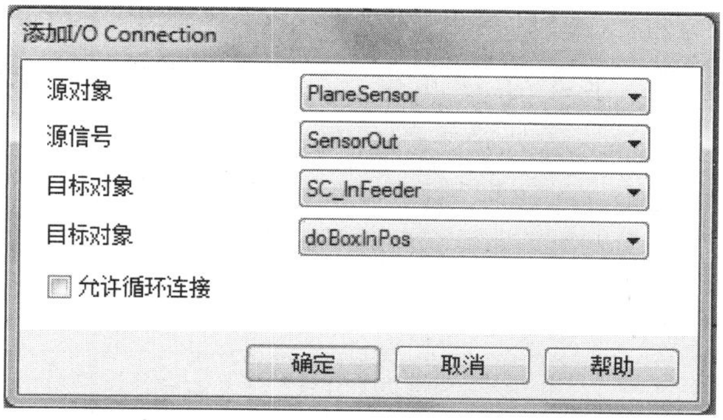

图　5-25

当产品运动到输送链末端与限位传感器发生接触时，将 doBoxInPos 置为 1，表示产品已到位，设置如图 5-26 所示。

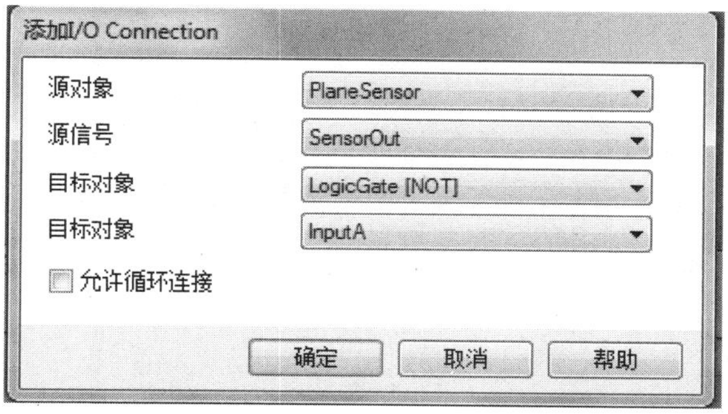

图　5-26

将传感器的输出信号与非门进行连接，则非门的信号输出变化和传感器输出信号变化正好相反，设置如图 5-27 所示。

图　5-27

非门的输出信号去触发 Source 的执行，则实现的效果为当传感器的输出信号由 1 变为 0 时，触发产品源 Source 产生一个复制品。

按照图 5-22～图 5-27 各 I/O 连接图片所示，仔细设定各个 I/O 连接中的源对象、源信号、目标对象、目标信号，完成后如图 5-28 所示。

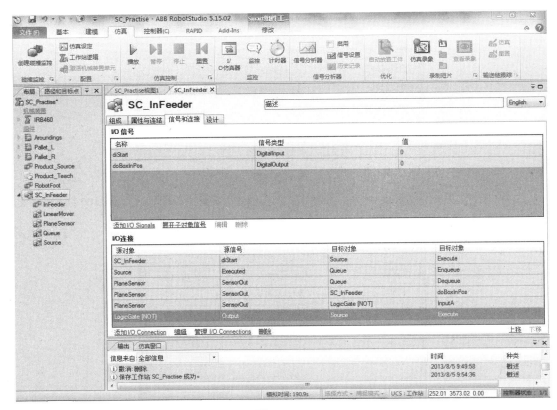

图　5-28

一共创建了 6 个 I/O 连接，下面再来梳理一下整个事件触发过程：

①、利用自己创建的启动信号 diStart 触发一次 Source，使其产生一个复制品。

②、复制品产生之后自动加入到设定好的队列 Queue 中，则复制品随着 Queue 一起沿着输送链运动。

③④、当复制品运动到输送链末端，与设置的面传感器 PlaneSensor 接触后，该复制品退出队列 Queue，并且将产品到位信号 doBoxInPos 置为 1。

⑤⑥、通过非门的中间连接，最终实现当复制品与面传感器不接触后，自动触发 Source 再产生一个复制品。

此后进行下一个循环。

六、仿真运行

至此就完成了 Smart 输送链的设置，接下来验证一下设定的动画效果。过程如图 5-29～图 5-33。

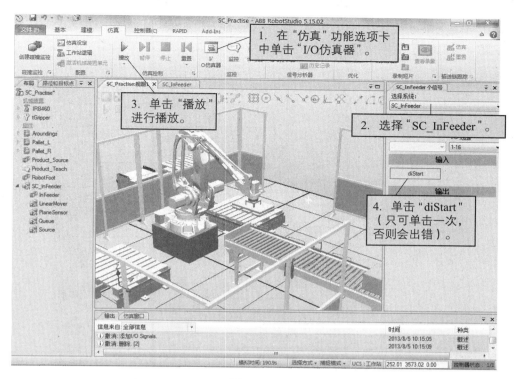

图　5-29

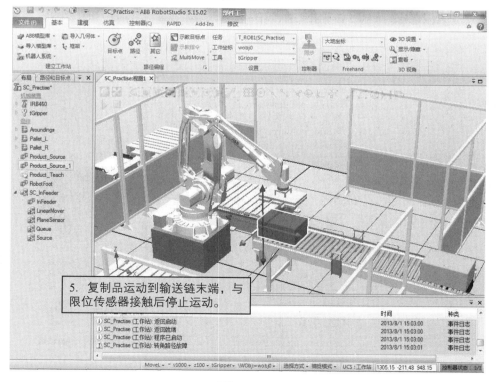

图　5-30

接下来，可以利用 FreeHand 中的线性移动将复制品移开，使其与面传感器不接触，则输送链前端会再次产生一个复制品，进入下一个循环。

图　5-31

完成动画效果验证后，删除生成的复制品。

图　5-32

为了避免在后续的仿真过程中不停地产生大量的复制品，从而导致整体仿真运行不流畅，以及仿真结束后需要手动删除等问题，在设置 Source 属性时，可以设置成产生临时性复制品，当仿真停止后，所生成的复制品会自动消失。Source 属性设置更改如下：

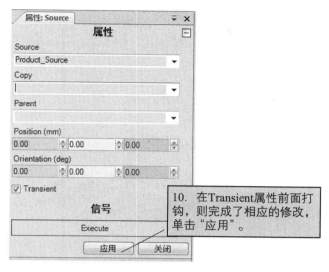

图　5-33

任务 5-2　用 Smart 组件创建动态夹具 SC_Gripper

➢　工作任务

1. 应用 Smart 组件设定夹具属性。
2. 应用 Smart 组件设定检测传感器。
3. 应用 Smart 组件设定拾取放置动作。
4. 创建 Smart 组件的属性与连结。
5. 创建 Smart 组件的信号与连接。
6. Smart 组件的模拟动态运行。

➢　实践操作

在 RobotStudio 中创建码垛的仿真工作站，夹具的动态效果是最为重要的部分。我们使用一个海绵式真空吸盘来进行产品的拾取释放，基于此吸盘来创建一个具有 Smart 组件特性的夹具。夹具动态效果包含：在输送链末端拾取产品、在放置位置释放产品、自动置位复位真空反馈信号。以下操作是在任务 5-1 的基础上进行的。

一、设定夹具属性

设定夹具属性过程如图 5-34～图 5-40 所示。

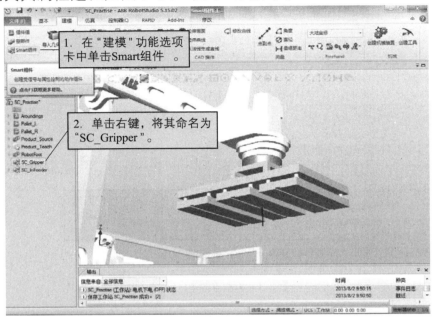

图　5-34

首先需要将夹具 tGripper 从机器人末端拆卸下来，以便对独立后的 tGripper 进行处理。

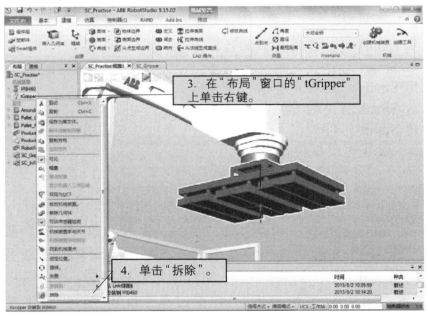

图　5-35

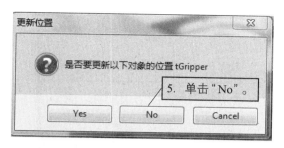

图　5-36

此处跳出"更新位置"提示框。从版本 5.15 之后，该提示框中均提示"是否需要更新以下对象的位置 tGripper"，单击"Yes"，则自动更新位置；单击"No"，则保持住当前位置。而在 5.15 之前的版本，该提示框均为"是否保持以下对象的位置 tGripper？"，选择正好相反。

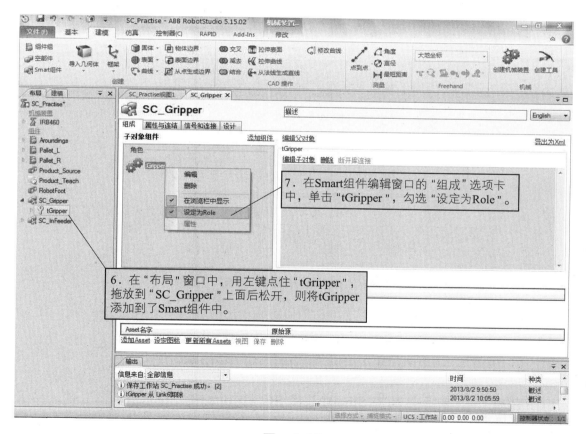

图　5-37

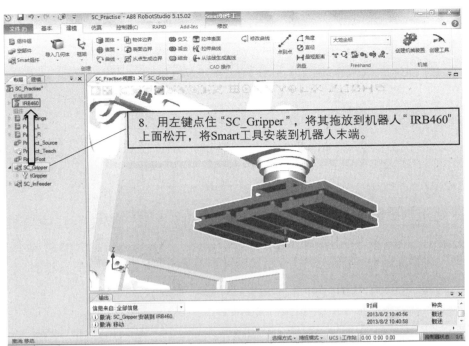

图 5-38

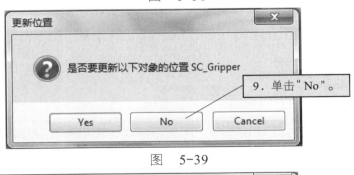

图 5-39

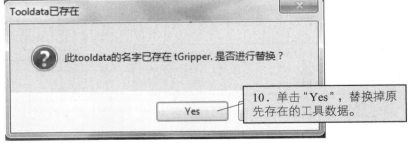

图 5-40

上述操作步骤目的是将 Smart 工具 SC_Gripper 当做机器人的工具。"设定为 Role"可以让 Smart 组件获得"Role"的属性。在本任务中，工具 tGripper 包含一个工具坐标系，将其设为 Role，则"SC_Gripper"继承工具坐标系属性，就可以将"SC_Gripper"完全当做机器人的工具来处理。

二、设定检测传感器

设定检测传感器的过程如图 5-41～图 5-46。

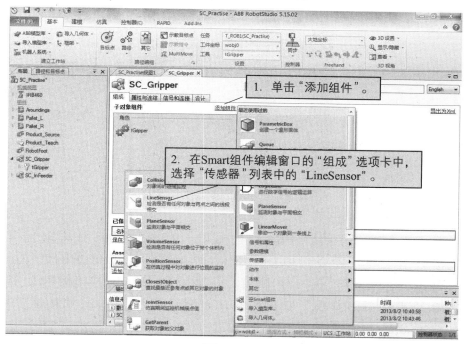

图　5-41

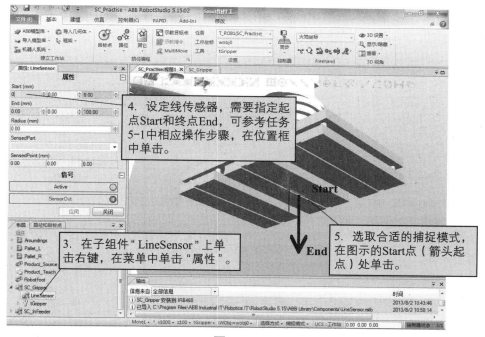

图　5-42

例如，我们捕捉到的起始点 Start 为图 5-43 所示。

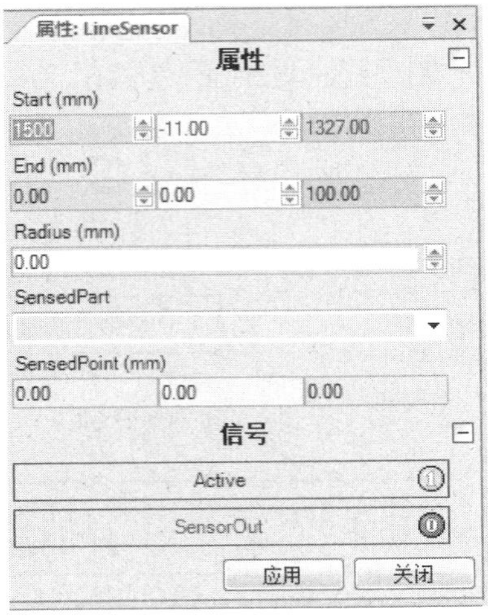

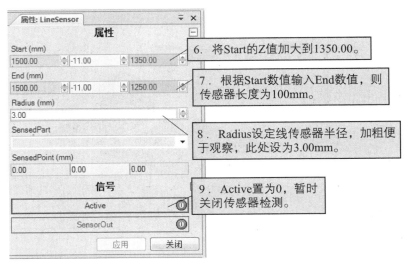

图　5-43

在当前工具姿态下，终点 End 只是相对于起始点 Start 在大地坐标系 Z 轴负方向偏移一定距离，所以可以参考 Start 点直接输入 End 点的数值。此外，关于虚拟传感器的使用还有一项限制，即当物体与传感器接触时，如果接触部分完全覆盖了整个传感器，则传感器不能检测到与之接触的物体。换言之，若要传感器准确检测到物体，则必须保证在接触时传感器的一部分在物体内部，一部分在物体外部。所以为了避免在吸盘拾取产品时该线传感器完全浸入产品内部，人为将起始点 Start 的 Z 值加大，保证在拾取时该线传感器一部分在产品内部，一部分在产品外部，这样才能够准确地检测到该产品。

图　5-44

图　5-45

设置传感器后，仍需将工具设为"不可由传感器检测"，以免传感器与工具发生干涉。

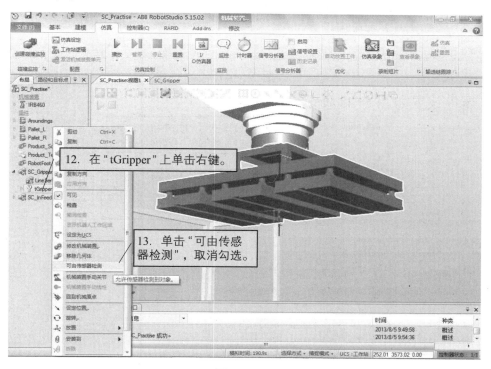

图　5-46

三、设定拾取放置动作

设定拾取放置动作过程如图 5-47～图 5-53 所示。

首先来设定拾取动作效果，使用的是子组件 Attacher。

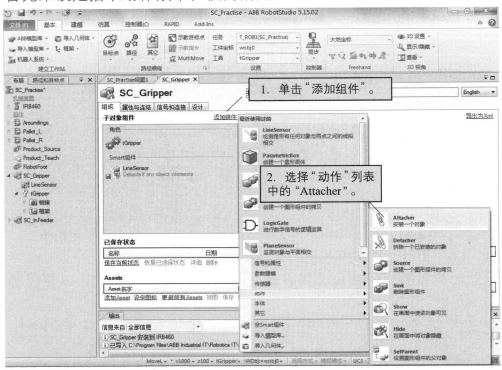

图 5-47

其属性设置如图 5-48 所示。

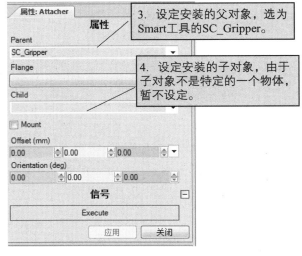

图 5-48

接下来设定释放动作效果，使用的是子组件 Detacher。

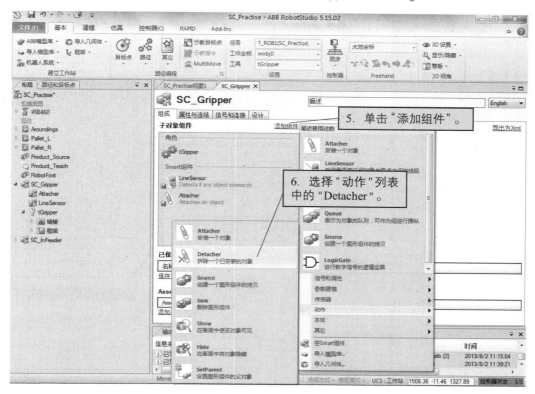

图　5-49

其属性设置如图 5-50 所示。

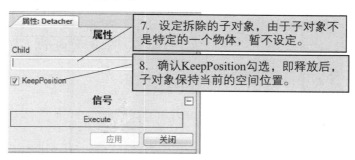

图　5-50

在上述设置过程中，拾取动作 Attacher 和释放动作 Detacher 中关于子对象 Child 暂时都未作设定，是因为在本任务中我们处理的工件并不是同一个产品，而是产品源生成的各个复制品，所以无法在此处直接指定子对象。我们会在属性连结里面来设定此项属性的关联。

下一步添加信号与属性相关子组件。

首先创建一个非门，详细说明可参考任务 5-1 中的相关内容。

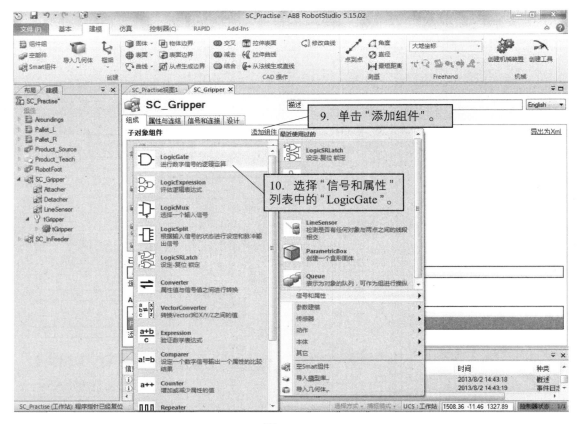

图 5-51

属性设置如图 5-52 所示。

图 5-52

接下来添加一个信号置位、复位子组件 LogicSRLatch。

子组件 LogicSRLatch 用于置位、复位信号，并且自带锁定功能。此处用于置位、复位的真空反馈信号，在后面的信号与连接内容再来详细介绍它的用法。

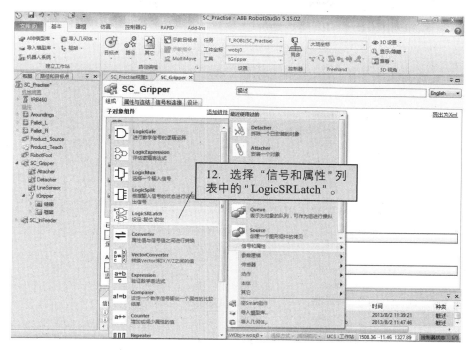

图　5-53

四、创建属性与连结

创建属性与连结过程如图 5-54～图 5-56 所示。

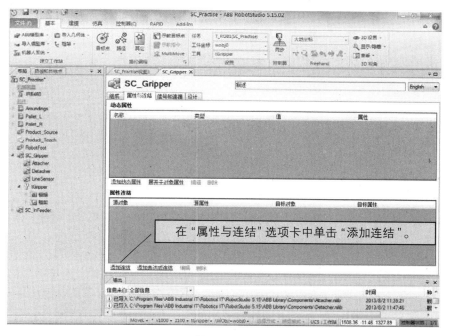

图　5-54

此处需要添加图 5-55、图 5-56 所示两个属性连结。

图　5-55

LineSensor 的属性 SensedPart 指的是线传感器所检测到的与其发生接触的物体。此处连结的意思是将线传感器所检测到的物体作为拾取的子对象。

图　5-56

此处连结的意思是将拾取的子对象作为释放的子对象。

设置完成后如图 5-57 所示。

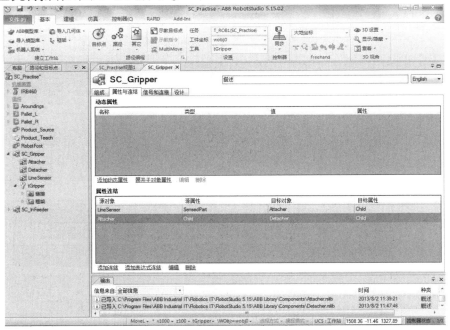

图　5-57

　　下面来梳理一下：当机器人的工具运动到产品的拾取位置，工具上面的线传感器 LineSensor 检测到了产品 A，则产品 A 即作为所要拾取的对象，将产品 A 拾取之后，机器人工具运动到放置位置执行工具释放动作，则产品 A 作为释放的对象，即被工具放下了。

五、创建信号与连接

　　创建信号与连接过程如图 5-58～图 5-68 所示。

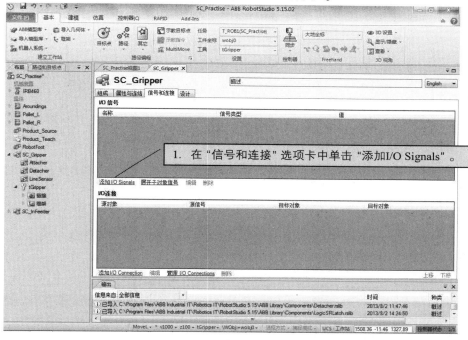

图　5-58

　　创建一个数字输入信号 diGripper，用于控制夹具拾取、释放动作，置 1 为打开真空拾取，置 0 为关闭真空释放，属性如图 5-59 所示。

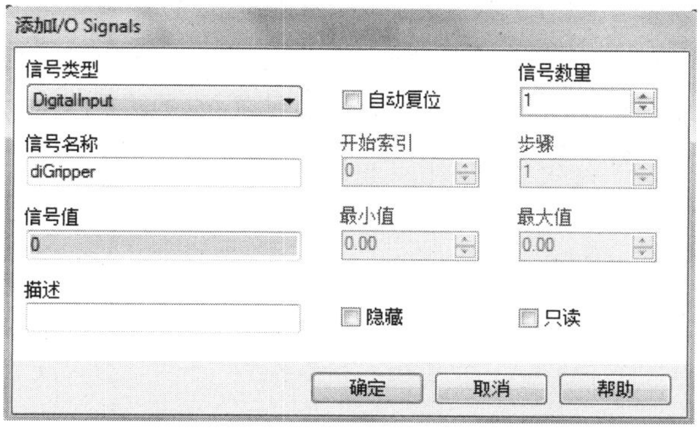

图　5-59

创建一个数字输出信号 doVacuumOK，用于真空反馈信号，置 1 为真空已建立，置 0 为真空已消失，属性如图 5-60 所示。

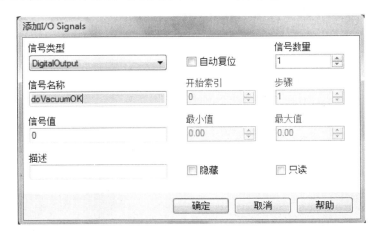

图　5-60

然后建立信号连接。

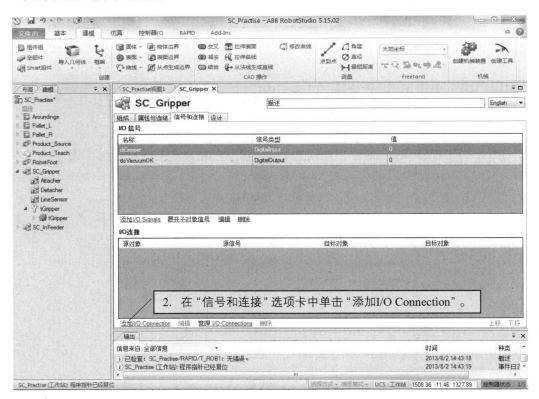

图　5-61

依次添加图 5-62～图 5-68 所示几个 I/O 连接。

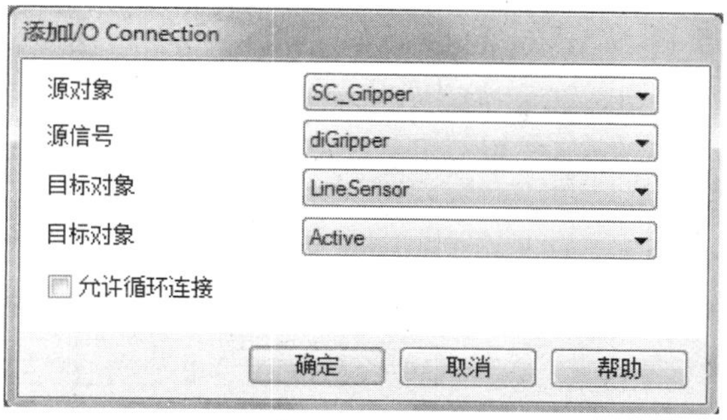

图　5-62

开启真空的动作信号 diGripper 触发传感器开始执行检测。

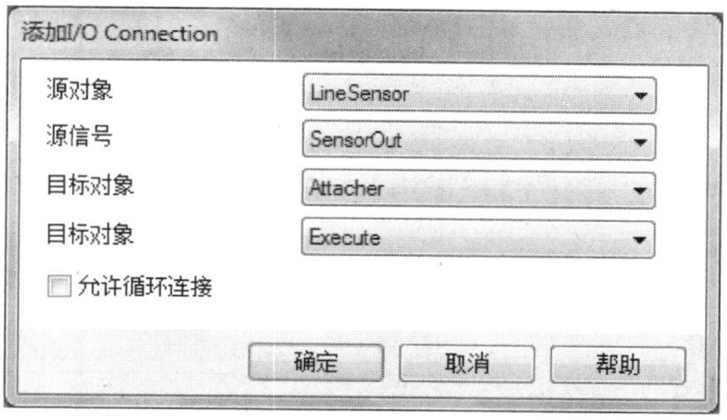

图　5-63

传感器检测到物体之后触发拾取动作执行。

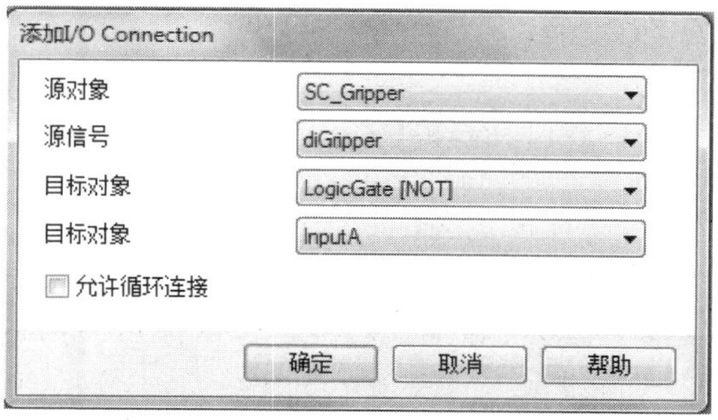

图　5-64

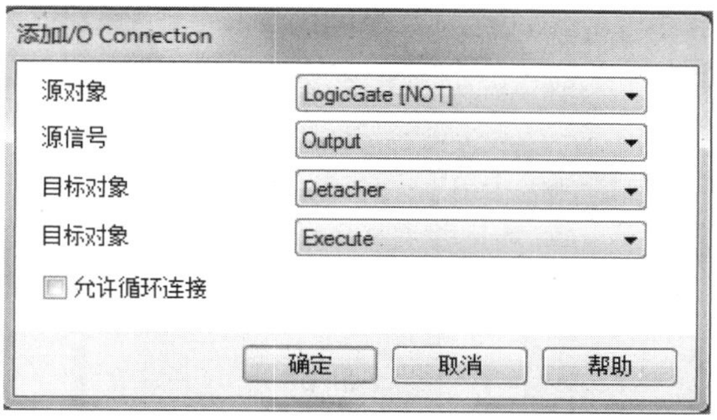

图　5-65

图 5-64、图 5-65 两个信号连接，利用非门的中间连接，实现的是当关闭真空后触发释放动作执行。

图　5-66

拾取动作完成后触发置位/复位组件执行"置位"动作。

图　5-67

释放动作完成后触发置位/复位组件执行"复位"动作。

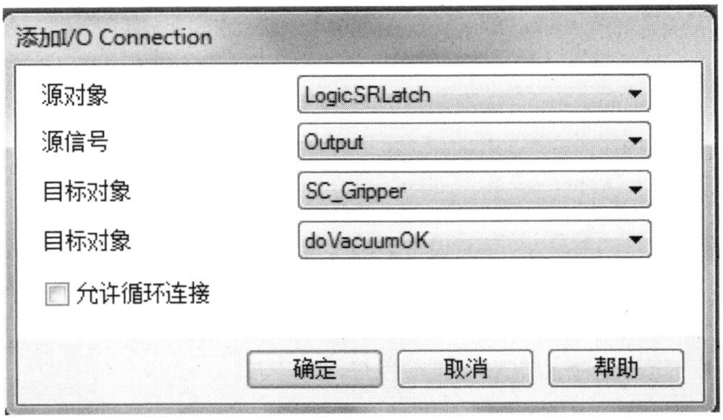

图　5-68

置位/复位组件的动作触发真空反馈信号置位/复位动作，实现的最终效果为当拾取动作完成后将 doVacuumOK 置为 1，当释放动作完成后将 doVacuumOK 置为 0。

设置完成后如图 5-69 所示。

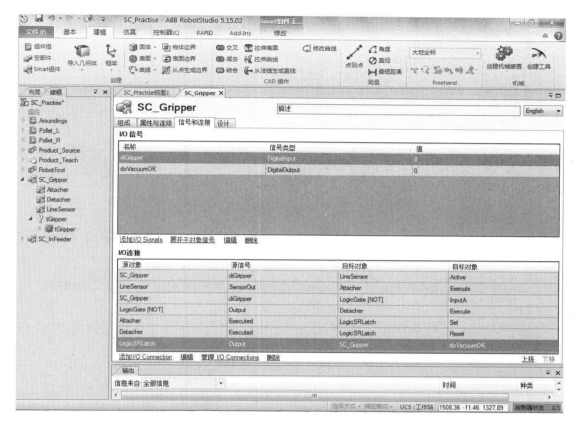

图　5-69

下面梳理一下整个动作过程：机器人夹具运动到拾取位置，打开真空以后，线传感器开始检测，如果检测到产品 A 与其发生接触，则执行拾取动作，夹具将产品 A 拾取，并将真空反馈信号置为 1，然后机器人夹具运动到放置位置，关闭真空以后，执行释放动作，产品 A 被夹具放下，同时将真空反馈信号置为 0，机器人夹具再次运动到拾取位置去拾取下一个产品，进入下一个循环。

六、Smart 组件的动态模拟运行

在输送链末端已预置了一个专门用于演示用的产品"Product_Teach"。Smart 组件的动态模拟运行过程如图 5-70～图 5-75 所示。

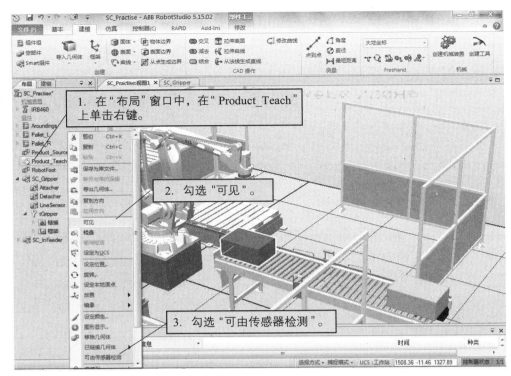

图 5-70

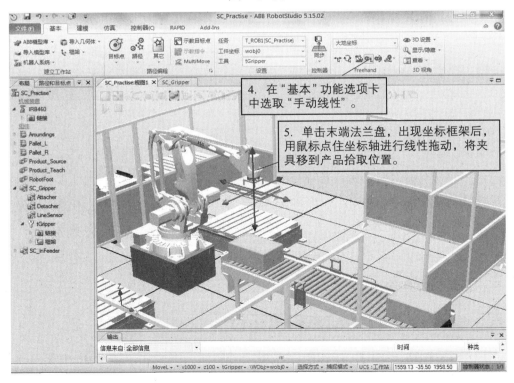

图 5-71

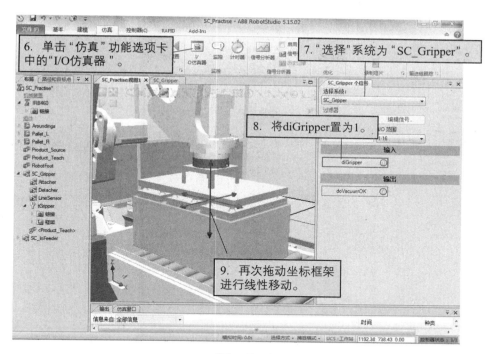

图 5-72

我们发现，夹具已将产品拾取，同时真空反馈信号 doVacuumOK 自动置为 1。

接下来再执行一下释放动作。

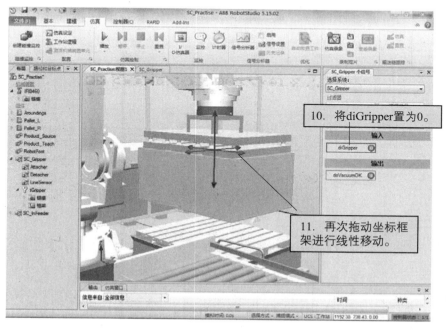

图 5-73

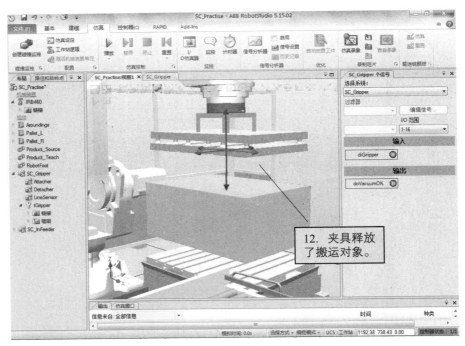

图 5-74

我们发现，夹具已将产品释放，同时真空反馈信号 doVacuumOK 信号自动置为 0；验证完成后，将演示用的产品取消"可见"，并且取消"可由传感器检测"。

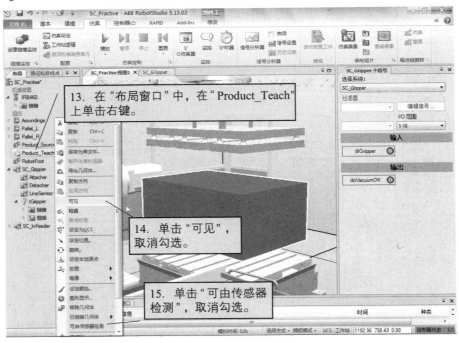

图 5-75

任务 5-3 工作站逻辑设定

➢ 工作任务

1. 机器人程序模板及信号说明。
2. 设定工作站逻辑。
3. 仿真运行。

➢ 实践操作

在本工作站中，机器人的程序以及 I/O 信号已提前设定完成，我们无需再做编辑。通过前面的任务，我们已基本设定完成 Smart 组件的动态效果，接下来需要设定 Smart 组件与机器人端的信号通信，从而完成整个工作站的仿真动画。工作站逻辑设定即为：将 Smart 组件的输入/输出信号与机器人端的输入/输出信号作信号关联。Smart 组件的输出信号作为机器人端的输入信号，机器人端的输出信号作为 Smart 组件的输入信号，此处就可以将 Smart 组件当做一个与机器人进行 I/O 通信的 PLC 来看待。

一、查看机器人程序及 I/O 信号

查看机器人程序及 I/O 信号过程如图 5-76～图 5-79 所示。

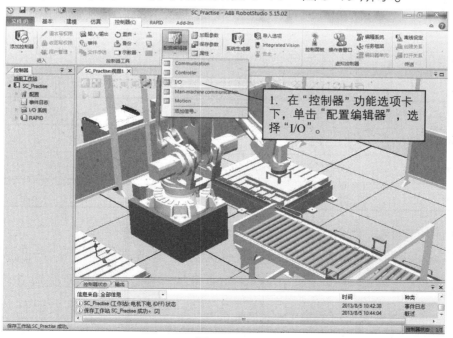

图　5-76

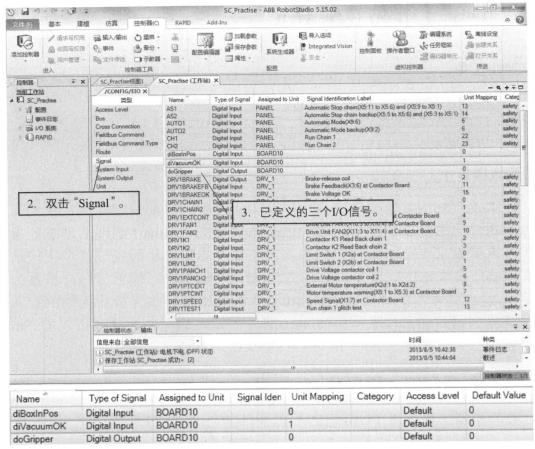

图　5-77

图 5-77 中三个 I/O 信号说明见表 5-1。

表 5-1　三个 I/O 信号说明

信 号 名 字	描　　　述
diBoxInPos	数字输入信号，用做产品到位信号
diVacuumOK	数字输入信号，用做真空反馈信号
doGripper	数字输出信号，用做控制真空吸盘动作

I/O 信号的设定方法请参考任务 8-4 中的相关说明。

本任务中程序的大致流程为：机器人在输送链末端等待，产品到位后将其拾取，放置在右侧托盘上面，跺型为常见的"3+2"，即竖着放 2 个产品，横着放 3 个产品，第二层位置交错。本任务中机器人只进行右侧码跺，共计码跺 10 个即满载，机器人回到等待位继续等待，仿真结束。

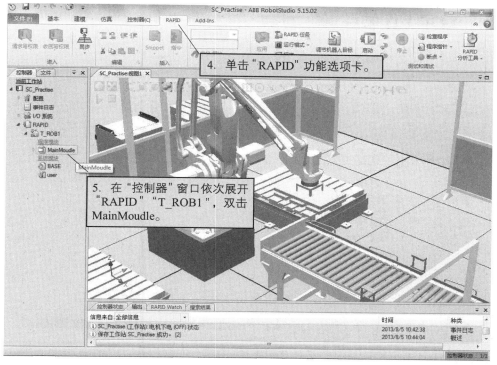

图　5-78

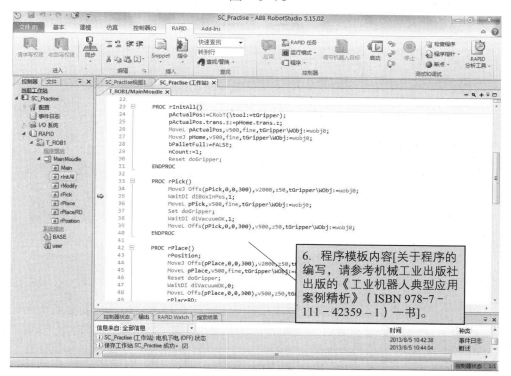

图　5-79

二、设定工作站逻辑

设定工作站逻辑过程如图 5-80、图 5-81 所示。

图 5-80

图 5-81

在本任务中，创建 I/O 连接的过程中需要注意的是：在选择机器人端 I/O 信号时，在下拉列表中选取位于下拉列表尾部的 SC_Practise，其指的是机器人系统；而默认的位于列表首位的 SC_Practise 指的是我们的工作站，如图 5-82 所示。

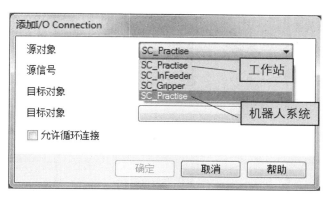

图　5-82

需要依次添加图 5-83～图 5-85 几个 I/O 连接。

添加I/O Connection

源对象	SC_Practise
源信号	doGripper
目标对象	SC_Gripper
目标对象	diGripper

□ 允许循环连接

确定　　取消　　帮助

图　5-83

机器人端的控制真空吸盘动作的信号与 Smart 夹具的动作信号相关联。

添加I/O Connection

源对象	SC_InFeeder
源信号	doBoxInPos
目标对象	SC_Practise
目标对象	diBoxInPos

□ 允许循环连接

确定　　取消　　帮助

图　5-84

Smart 输送链的产品到位信号与机器人端的产品到位信号相关联。

图　5-85

Smart 夹具的真空反馈信号与机器人端的真空反馈信号相关联。

设定完成后如图 5-86 所示。

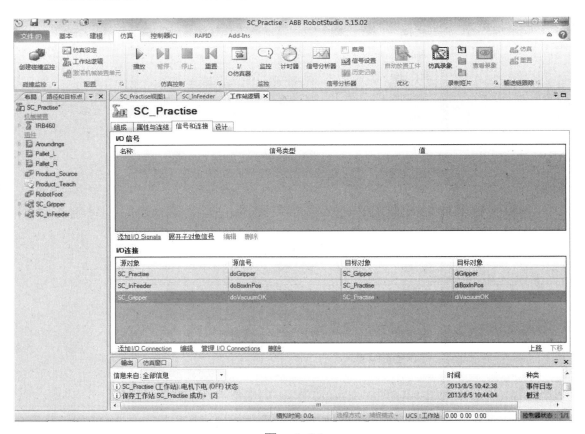

图　5-86

三、仿真运行

仿真运行过程如图 5-87～图 5-92 所示。

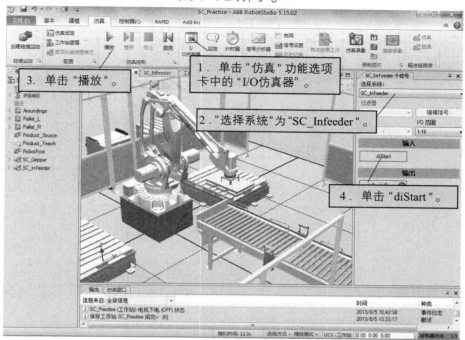

图　5-87

图　5-88

6. 复制品到达输送链末端后，机器人接收到产品到位信号，则机器人将其拾取起来并放置到托盘的指定位置。

图　5-89

7. 依次循环，直至码垛10个产品后，机器人回到等待位置。

图　5-90

图　5-91

由于在任务 5-1 中更改了组件的 Source 属性，勾选了 Transient 这个选项，所以当仿真结束后，仿真过程中所生成的复制品全部自动消失，避免手动删除的操作。

仿真验证完成后，为了美观，将输送链前端的产品源隐藏。

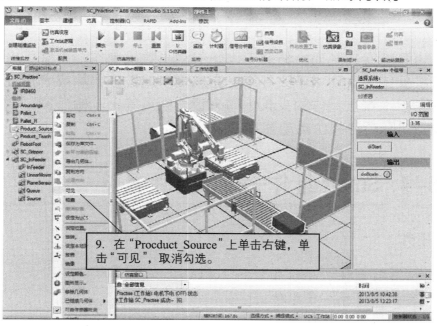

图　5-92

可以利用共享中的打包功能，将制作完成的码垛仿真工作站进行打包并与他人进行分享，如图 5-93 所示。

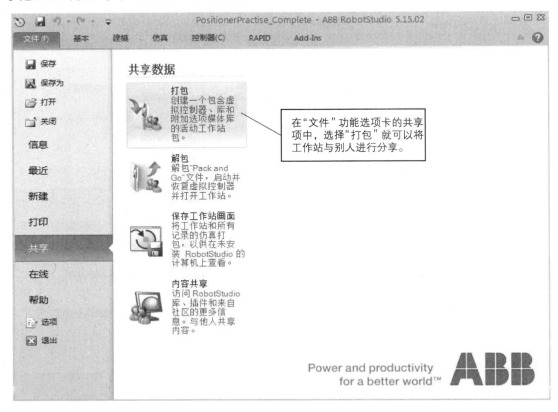

图　5-93

至此，已经完成了码垛仿真工作站的动画效果制作，大家可以在此基础上面进行扩展练习，例如修改程序，完成更多层数的码垛或者完成左右双边交替码垛；引入自己制作的夹具（如夹板、夹爪等）、输送链、产品等其他素材，模拟实际项目的仿真动画效果。

任务 5-4　Smart 组件——子组件概览

➤　工作任务

1. "信号与属性"子组件。
2. "参数与建模"子组件。
3. "传感器"子组件。
4. "动作"子组件。

5. "本体"子组件。

6. "其他"子组件。

在前面的任务中，已使用 Smart 组件的功能实现工作站的动画效果。为了在以后的使用中，能够很好地发挥 Smart 组件的功能，在本任务里，列出了常用子组件的详细功能说明，以供参考。

一、"信号与属性"子组件

1. LogicGate

Output 信号由 InputA 和 InputB 这两个信号的 Operator 中指定的逻辑运算设置，延迟在 Delay 中指定。属性及信号说明见表 5-2。

表 5-2　LogicGate 属性及信号说明

属　　性	说　　明
Operator	使用的逻辑运算的运算符 以下列出了各种运算符 • AND • OR • XOR • NOT • NOP Delay 用于设定输出信号延迟时间
信　　号	说　　明
InputA	第一个输入信号
InputB	第二个输入信号
Output	逻辑运算的结果

2. LogicExpression

评估逻辑表达式。属性及信号说明见表 5-3。

表 5-3　LogicExpression 属性及信号说明

属　　性	说　　明
String	要评估的表达式
Operator	以下列出了各种运算符 • AND • OR • NOT • XOR
信　　号	说　　明
结果	包含评估结果

3. LogicMux

依照 Output=（ Input A * NOT Selector ）+（ Input B * Selector ）设定 Output。
信号说明见表 5-4。

表 5-4　LogicMux 信号说明

信　号	说　明
Selector	当为低时，选中第一个输入信号 当为高时，选中第二个输入信号
InputA	指定第一个输入信号
InputB	指定第二个输入信号
Output	指定运算结果

4. LogicSplit

LogicSplit 获得 Input 并将 OutputHigh 设为与 Input 相同，将 OutputLow 设为与 Input 相反。Input 设为 High 时，PulseHigh 发出脉冲；Input 设为 Low 时，PulseLow 发出脉冲。信号说明见表 5-5。

表 5-5　LogicSplit 信号说明

信　号	说　明
Input	指定输入信号
OutputHigh	当 Input 设为 1 时，转为 High（ 1 ）
OutputLow	当 Input 设为 1 时，转为 High（ 0 ）
PulseHigh	当 Input 设为 High 时，发送脉冲
PulseLow	当 Input 设为 Low 时，发送脉冲

5. LogicSRLatch

用于置位/复位信号，并带锁定功能。信号说明见表 5-6。

表 5-6　LogicSRLatch 信号说明

信　号	说　明
Set	设置输出信号
Reset	复位输出信号
Output	指定输出信号
InvOutput	指定反转输出信号

6. Converter

在属性值和信号值之间转换。属性及信号说明见表 5-7。

表 5-7　Converter 属性及信号说明

属　　性	说　　明
AnalogProperty	要评估的表达式
DigitalProperty	转换为 DigitalOutput
GroupProperty	转换为 GroupOutput
BooleanProperty	由 DigitalInput 转换为 DigitalOutput
DigitalInput	转换为 DigitalProperty
DigitalOutput	由 DigitalProperty 转换
AnalogInput	转换为 AnalogProperty
AnalogOutput	由 AnalogProperty 转换
GroupInput	转换为 GroupProperty
GroupOutput	由 GroupProperty 转换

7. VectorConverter

在 Vector 和 X、Y、Z 值之间转换。信号说明见表 5-8。

表 5-8　VectorConverter 信号说明

信　　号	说　　明
X	指定 Vector 的 Y 值
Y	指定 Vector 的 Y 值
Z	指定 Vector 的 Z 值
Vector	指定向量值

8. Expression

表达式包括数字字符（包括 PI），圆括号，数学运算符 s、+、-、*、/、^（幂）和数学函数 sin、cos、sqrt、atan、abs。任何其他字符串被视作变量，作为添加的附加信息。结果将显示在 Result 框中。信号说明见表 5-9。

表 5-9　Expression 信号说明

信　　号	说　　明
Expression	指定要计算的表达式
Result	显示计算结果

9. Comparer

Comparer 使用 Operator 对第一个值和第二个值进行比较。当满足条件时，将 Output 设为 1。属性及信号说明见表 5-10。

表 5-10　Comparer 属性及信号说明

属　　性	说　　明
ValueA	指定第一个值
alueB	指定第二个值
Operator	指定比较运算符 以下列出了各种运算符 • == • != • > • >= • < • <=
信　　号	说　　明
Output	当比较结果为 True 时，表示为 True；否则为 False

10. Counter

设置输入信号 Increase 时，Count 增加；设置输入信号 Decrease 时，Count 减少；设置输入信号 Reset 时，Count 被重置。属性及信号说明见表 5-11。

表 5-11　Counter 属性及信号说明

属　　性	说　　明
Count	指定当前值
信　　号	说　　明
Output	当该信号设为 True 时，将在 Count 中加 1
Decrease	当该信号设为 True 时，将在 Count 中减 1
Reset	当 Reset 设为 high 时，将 Count 复位为 0

11. Repeater

脉冲 Output 信号的 Count 次数。属性及信号说明见表 5-12。

表 5-12　Repeater 属性及信号说明

属　　性	说　　明
Count	指定当前值
信　　号	说　　明
Output	当该信号设为 True 时，将在 Count 中加 1
Decrease	当该信号设为 True 时，将在 Count 中减 1
Reset	当 Reset 设为 high 时，将 Count 复位为 0

12. Timer

Timer 用于指定间隔脉冲 Output 信号。如果未选中 Repeat，在 Interval 中指定的间隔后将触发一个脉冲；如果选中，在 Interval 指定的间隔后重复触发脉冲。属性及信号说明见表 5-13。

表 5-13 Timer 属性及信号说明

属　　性	说　　明
StartTime	指定触发第一个脉冲前的时间
Interval	指定每个脉冲间的仿真时间
Repeat	指定信号是重复还是仅执行一次
Current time	指定当前仿真时间
信　　号	说　　明
Active	将该信号设为 True，启用 Timer；设为 False，停用 Timer
Output	在指定时间间隔发出脉冲

13. StopWatch

StopWatch 计量了仿真的时间（TotalTime）。触发 Lap 输入信号将开始新的循环。LapTime 显示当前单圈循环的时间。只有 Active 设为 1 时才开始计时。当设置 Reset 输入信号时，时间将被重置。属性及信号说明见表 5-14。

表 5-14 StopWatch 属性及信号说明

属　　性	说　　明
TotalTime	指定累计时间
LapTime	指定当前单圈循环的时间
AutoReset	如果是 True，当仿真开始时 TotalTime 和 LapTime 将被设为 0
信　　号	说　　明
Active	设为 True 时启用 StopWatch，设为 False 时停用 StopWatch
Reset	当该信号为 High 时，将重置 Totaltime 和 Laptime
Lap	开始新的循环

二、"参数与建模"子组件

1. ParametricBox

ParametricBox 生成一个指定长度、宽度和高度的方框。属性及信号说明见表 5-15。

表 5-15 ParametricBox 属性及信号说明

属　　性	说　　明
SizeX	沿 X 轴方向指定该盒形固体的长度
SizeY	沿 Y 轴方向指定该盒形固体的宽度
SizeZ	沿 Z 轴方向指定该盒形固体的高度
GeneratedPart	指定生成的部件
KeepGeometry	设置为 False 时，将删除生成部件中的几何信息。这样可以使其他组件如 Source 执行得更快
信　　号	说　　明
Update	设置该信号为 1 时，更新生成的部件

2. ParametricCircle

ParametricCircle 根据给定的半径生成一个圆。属性及信号说明见表 5-16。

表 5-16 ParametricCircle 属性及信号说明

属　　性	说　　明
Radius	指定圆周的半径
GeneratedPart	指定生成的部件
GeneratedWire	指定生成的线框
KeepGeometry	设置为 False 时，将删除生成部件中的几何信息。这样可以使其他组件如 Source 执行得更快
信　　号	说　　明
Update	设置该信号为 1 时，更新生成的部件

3. ParametricCylinder

ParametricCylinder 根据给定的 Radius 和 Height 生成一个圆柱体。属性及信号说明见表 5-17。

表 5-17 ParametricCylinder 属性及信号说明

属　　性	说　　明
Radius	指定圆柱半径
Height	指定圆柱高
GeneratedPart	指定生成的部件
KeepGeometry	设置为 False 时，将删除生成部件中的几何信息。这样可以使其他组件如 Source 执行得更快
信　　号	说　　明
Update	设置该信号为 1 时，更新生成的部件

4. ParametricLine

ParametricLine 根据给定端点和长度生成线段。如果端点或长度发生变化，生成的线段将随之更新。属性及信号说明见表 5-18。

表 5-18 ParametricLine 属性及信号说明

属　　性	说　　明
EndPoint	指定线段的端点
Height	指定线段的长度
GeneratedPart	指定生成的部件
GeneratedWire	指定生成的线框
KeepGeometry	设置为 False 时，将删除生成部件中的几何信息。这样可以使其他组件如 Source 执行得更快
信　　号	说　　明
Update	设置该信号为 1 时，更新生成的部件

5. LinearExtrusion

LinearExtrusion 沿着 Projection 指定的方向拉伸 SourceFace 或 SourceWire。属性说明见表 5-19。

表 5-19　LinearExtrusion 属性说明

属　　性	说　　明
SourceFace	指定要拉伸的面
SourceWire	指定要拉伸的线
Projection	指定要拉伸的方向
GeneratedPart	指定生成的部件
KeepGeometry	设置为 False 时，将删除生成部件中的几何信息。这样可以使其他组件如 Source 执行得更快

6. CircularRepeater

CircularRepeater 根据给定的 DeltaAngle 沿 SmartComponent 的中心创建一定数量的 Source 的复制。属性说明见表 5-20。

表 5-20　CircularRepeater 属性说明

属　　性	说　　明
Source	指定要复制的对象
Count	指定要创建的复制的数量
Radius	指定圆周的半径
DeltaAngle	指定复制间的角度

7. LinearRepeater

LinearRepeater 根据 Offset 给定的间隔和方向创建一定数量的 Source 的复制。属性说明见表 5-21。

表 5-21　LinearRepeater 属性说明

属　　性	说　　明
Source	指定要复制的对象
Offset	指定复制间的距离
Count	指定要创建的复制的数量

8. MatrixRepeater

MatrixRepeater 在三维环境中以指定的间隔创建指定数量的 Source 对象的复制。属性说明见表 5-22。

表 5-22　MatrixRepeater 属性说明

属　　性	说　　明
Source	指定要复制的对象
CountX	指定在 X 轴方向上复制的数量
CountY	指定在 Y 轴方向上复制的数量
CountZ	指定在 Z 轴方向上复制的数量
OffsetX	指定在 X 轴方向上复制间的偏移
OffsetY	指定在 Y 轴方向上复制间的偏移
OffsetZ	指定在 Z 轴方向上复制间的偏移

三、"传感器"子组件

1. CollisionSensor

CollisionSensor 检测第一个对象和第二个对象间的碰撞和接近丢失。如果其中一个对象没有指定，将检测另外一个对象在整个工作站中的碰撞。当 Active 信号为 High、发生碰撞或接近丢失并且组件处于活动状态时，设置 SensorOut 信号并在属性编辑器的第一个碰撞部件和第二个碰撞部件中报告发生碰撞或接近丢失的部件。属性及信号说明见表 5-23。

表 5-23　CollisionSensor 属性及信号说明

属　　性	说　　明
Object1	检测碰撞的第一个对象
Object2	检测碰撞的第二个对象
NearMiss	指定接近丢失的距离
Part1	第一个对象发生碰撞的部件
Part2	第二个对象发生碰撞的部件
CollisionType	• None • Near miss • Collision
信　　号	说　　明
Active	指定 CollisionSensor 是否激活
SensorOut	当发生碰撞或接近丢失时为 True

2. LineSensor

LineSensor 根据 Start、End 和 Radius 定义一条线段。当 Active 信号为 High 时，传感器将检测与该线段相交的对象。相交的对象显示在 ClosestPart 属性中，距线传感器起点最近的相交点显示在 ClosestPoint 属性中。出现相交时，会设置 SensorOut 输出信号。属性及信号说明见表 5-24。

表 5-24　LineSensor 属性及信号说明

属　　性	说　　明
Start	指定起始点
End	指定结束点
Radius	指定半径
SensedPart	指定与 LineSensor 相交的部件。如果有多个部件相交，则列出距起始点最近的部件
SensedPoint	指定相交对象上距离起始点最近的点
信　　号	说　　明
Active	指定 LineSensor 是否激活
SensorOut	当 Sensor 与某一对象相交时为 True

3. PlaneSensor

PlaneSensor 通过 Origin、Axis1 和 Axis2 定义平面。设置 Active 输入信号时，传感器会检测与平面相交的对象。相交的对象将显示在 SensedPart 属性中。出现相交时，将设置 SensorOut 输出信号。属性及信号说明见表 5-25。

表 5-25　PlaneSensor 属性及信号说明

属　　性	说　　明
Origin	指定平面的原点
Axis1	指定平面的第一个轴
Axis2	指定平面的第二个轴
SensedPart	指定与 PlaneSensor 相交的部件，如果多个部件相交，则在布局浏览器中第一个显示的部件将被选中
信　　号	说　　明
Active	指定 PlaneSensor 是否被激活
SensorOut	当 Sensor 与某一对象相交时为 True

4. VolumeSensor

VolumeSensor 检测全部或部分位于箱形体积内的对象。体积用角点、边长、边高、边宽和方位角定义。属性及信号说明见表 5-26。

表 5-26　VolumeSensor 属性及信号说明

属　　性	说　　明
CornerPoint	指定箱体的本地原点
Orientation	指定对象相对于参考坐标和对象的方向（Euler ZYX）
Length	指定箱体的长度
Width	指定箱体的宽度
Height	指定箱体的高度
Percentage	作出反应的体积百分比。若设为 0，则对所有对象作出反应
PartialHit	允许仅当对象的一部分位于体积传感器内时，才侦测对象
SensedPart	最近进入或离开体积的对象
SensedParts	在体积中侦测到的对象
VolumeSensed	侦测的总体积
信　　号	说　　明
Active	若设为"高（1）"，将激活传感器
ObjectDetectedOut	当在体积内检测到对象时，将变为"高（1）"。在检测到对象后，将立即被重置
ObjectDeletedOut	当检测到对象离开体积时，将变为"高（1）"。在对象离开体积后，将立即被重置
SensorOut	当体积被充满时，将变为"高（1）"

5．PositionSensor

PositionSensor 监视对象的位置和方向，对象的位置和方向仅在仿真期间被更新。属性说明见表 5-27。

表 5-27　PositionSensor 属性说明

属　　性	说　　明
Object	指定要进行映射的对象
Reference	指定参考坐标系（Parent 或 Global）
ReferenceObject	如果将 Reference 设置为 Object，指定参考对象
Position	指定对象相对于参考坐标和对象的位置
Orientation	指定对象相对于参考坐标和对象的方向（Euler ZYX）

6．ClosestObject

ClosestObject 定义了参考对象或参考点。设置 Execute 信号时，组件会找到 ClosestObject、ClosestPart 和相对于参考对象或参考点的 Distance（如未定义参考对象）。如果定义了 RootObject，则会将搜索的范围限制为该对象和其同源的对象。完成搜索并更新了相关属性时，将设置 Executed 信号。属性及信号说明见表 5-28。

表 5-28　ClosestObject 属性及信号说明

属　　性	说　　明
ReferenceObject	指定平面的原点
ReferencePoint	指定平面的第一个轴
RootObject	指定平面的第二个轴
ClosestObject	指定与 PlaneSensor 相交的部件，如果多个部件相交，则在布局浏览器中第一个显示的部件将被选中
ClosestPart	指定距参考对象或参考点最近的部件
Distance	指定参考对象和最近的对象之间的距离
信　　号	说　　明
Execute	设该信号为 True，开始查找最近的部件
Executed	当完成时发出脉冲

四、“动作”子组件

1. Attacher

设置 Execute 信号时，Attacher 将 Child 安装到 Parent 上。如果 Parent 为机械装置，还必须指定要安装的 Flange。设置 Execute 输入信号时，子对象将安装到父对象上。如果选中 Mount，还会使用指定的 Offset 和 Orientation 将子对象装配到父对象上。完成时，将设置 Executed 输出信号。属性及信号说明见表 5-29。

表 5-29　Attacher 属性及信号说明

属　　性	说　　明
Parent	指定子对象要安装在哪个对象上
Flange	指定要安装在机械装置的哪个法兰上（编号）
Child	指定要安装的对象
Mount	如果为 True，子对象装配在父对象上
Offset	当使用 Mount 时，指定相对于父对象的位置
Orientation	当使用 Mount 时，指定相对于父对象的方向
信　　号	说　　明
Execute	设为 True 进行安装
Executed	当完成时发出脉冲

2. Detacher

设置 Execute 信号时，Detacher 会将 Child 从其所安装的父对象上拆除。如果选中了 Keep position，位置将保持不变。否则相对于其父对象放置子对象的位置。完成时，将设置 Executed 信号。属性及信号说明见表 5-30。

表 5-30　Detacher 属性及信号说明

属　　性	说　　明
Child	指定要拆除的对象
KeepPosition	如果为 False，被安装的对象将返回其原始的位置
信　　号	说　　明
Execute	设该信号为 True，移除安装的物体
Executed	当完成时发出脉冲

3. Source

源组件的 Source 属性表示在收到 Execute 输入信号时应复制的对象。所复制对象的父对象由 Parent 属性定义，而 Copy 属性则指定对所复制对象的参考。输出信号 Executed 表示复制已完成。属性及信号说明见表 5-31。

表 5-31　Source 属性及信号说明

属　　性	说　　明
Source	指定要复制的对象
Copy	指定复制
Parent	指定要复制的父对象。如果未指定，则将复制与源对象相同的父对象
Position	指定复制相对于其父对象的位置
Orientation	指定复制相对于其父对象的方向
Transient	如果在仿真时创建了复制，将其标志为瞬时的。这样的复制不会被添加至撤销队列中，且在仿真停止时自动被删除。这样可以避免在仿真过程中过分消耗内存
信　　号	说　　明
Execute	设该信号为 True，创建对象的复制
Executed	当完成时发出脉冲

4. Sink

Sink 会删除 Object 属性参考的对象。收到 Execute 输入信号时开始删除。删除完成时设置 Executed 输出信号。属性及信号说明见表 5-32。

表 5-32　Sink 属性及信号说明

属　　性	说　　明
Object	指定要移除的对象
信　　号	说　　明
Execute	设该信号为 True 移除对象
Executed	当完成时发出脉冲

5. Show

设置 Execute 信号时，将显示 Object 中参考的对象。完成时，将设置 Executed 信号。属性及信号说明见表 5-33。

表 5-33　Show 属性及信号说明

属　　性	说　　明
Object	指定要显示的对象
信　　号	说　　明
Execute	设该信号为 True，以显示对象
Executed	当完成时发出脉冲

6. Hide

设置 Execute 信号时，将隐藏 Object 中参考的对象。完成时，将设置 Executed 信号。属性及信号说明见表 5-34。

表 5-34　Hide 属性及信号说明

属　　性	说　　明
Object	指定要隐藏的对象
信　　号	说　　明
Execute	设置该信号为 True 隐藏对象
Executed	当完成时发出脉冲

五、"本体"子组件

1. LinearMover

LinearMover 会按 Speed 属性指定的速度，沿 Direction 属性中指定的方向，移动 Object 属性中参考的对象。设置 Execute 信号时开始移动，重设 Execute 时停止。属性及信号说明见表 5-35。

表 5-35　LinearMover 属性及信号说明

属　　性	说　　明
Object	指定要移动的对象
Direction	指定要移动对象的方向
Speed	指定移动速度
Reference	指定参考坐标系。可以是 Global、Local 或 Object
ReferenceObject	如果将 Reference 设置为 Object，指定参考对象
信　　号	说　　明
Execute	将该信号设为 True 时开始旋转对象，设为 False 时停止

2. LinearMover2

LinearMover2 将指定物体移动到指定的位置。属性及信号说明见表 5-36。

表 5-36 LinearMover2 属性及信号说明

属　性	说　明
Object	指定要移动的对象
Direction	指定要移动对象的方向
Distance	指定移动距离
Duration	指定移动时间
Reference	指定参考坐标系。可以是 Global、Local 或 Object
ReferenceObject	如果将 Reference 设置为 Object，指定参考对象
信　号	说　明
Execute	将该信号设为 True 时开始旋转对象，设为 False 时停止
Executed	移动完成后输出脉冲信号
Executing	移动执行过程中输出执行信号

3. Rotator

Rotator 会按 Speed 属性指定的旋转速度旋转 Object 属性中参考的对象。旋转轴通过 CenterPoint 和 Axis 进行定义。设置 Execute 输入信号时开始运动，重设 Execute 时停止运动。属性及信号说明见表 5-37。

表 5-37 Rotator 属性及信号说明

属　性	说　明
Object	指定旋转围绕的点
CenterPoint	指定要移动对象的方向
Axis	指定旋转轴
Speed	指定旋转速度
Reference	指定参考坐标系。可以是 Global、Local 或 Object
ReferenceObject	如果将 Reference 设置为 Object，指定参考对象
信　号	说　明
Execute	将该信号设为 True 时开始旋转对象，设为 False 时停止

4. Rotator2

Rotator2 使指定物体绕着指定坐标轴旋转指定的角度。属性及信号说明见表 5-38。

表 5-38　Rotator2 属性及信号说明

属　　性	说　　明
Object	指定旋转围绕的点
CenterPoint	指定要移动对象的方向
Axis	指定旋转轴
Angle	指定旋转角度
Duration	指定旋转时间
Reference	指定参考坐标系。可以是 Global、Local 或 Object
ReferenceObject	如果将 Reference 设置为 Object，指定参考对象
信　　号	说　　明
Execute	将该信号设为 True 时开始旋转对象，设为 False 时停止
Executed	旋转完成后输出脉冲信号
Executing	旋转过程中输出执行信号

5. Positioner

Positioner 具有对象、位置和方向属性。设置 Execute 信号时，开始将对象向相对于 Reference 的给定位置移动。完成时设置 Executed 输出信号。属性及信号说明见表 5-39。

表 5-39　Positioner 属性及信号说明

属　　性	说　　明
Object	指定要放置的对象
Position	指定对象要放置到的新位置
Orientation	指定对象的新方向
Reference	指定参考坐标系。可以是 Global、Local 或 Object
ReferenceObject	如果将 Reference 设置为 Object，指定相对于 Position 和 Orientation 的对象
信　　号	说　　明
Execute	将该信号设为 True 时开始移动对象，设为 False 时停止
Executed	当操作完成时设为 1

6. PoseMover

PoseMover 包含 Mechanism、Pose 和 Duration 等属性。设置 Execute 输入信号时，机械装置的关节值移向给定姿态。达到给定姿态时，设置 Executed 输出信号。属性及信号说明见表 5-40。

表 5-40　PoseMover 属性及信号说明

属　　性	说　　明
Mechanism	指定要进行移动的机械装置
Pose	指定要移动到的姿势的编号
Duration	指定机械装置移动到指定姿态的时间
信　　号	说　　明
Execute	将该信号设为 True 时开始移动对象，设为 False 时停止
Pause	暂停动作
Cancel	取消动作
Executed	当机械装置达到位姿时为 Pulses high
Executing	在运动过程中为 High
Paused	当暂停时为 High

7. JointMover

JointMover 包含机械装置、关节值和执行时间等属性。当设置 Execute 信号时，机械装置的关节向给定的位姿移动。当达到位姿时，使 Executed 输出信号。使用 GetCurrent 信号可以重新找回机械装置当前的关节值。属性及信号说明见表 5-41。

表 5-41　JointMover 属性及信号说明

属　　性	说　　明
Mechanism	指定要进行移动的机械装置
Relative	指定 J1~Jx 是否是起始位置的相对值，而非绝对关节值
Duration	指定机械装置移动到指定姿态的时间
J1~Jx	关节值
信　　号	说　　明
GetCurrent	重新找回当前关节
Execute	设为 True，开始或重新开始移动机械装置
Pause	暂停动作
Cancel	取消运动
Executed	当机械装置达到位姿时为 Pulses high
Executing	在运动过程中为 High
Paused	当暂停时为 High

8. MoveAlongCurve

LinearMover2 会按 Speed 属性指定的速度，沿 Direction 属性中指定的方向，移动 Object 属性中参考的对象。设置 Execute 信号时开始移动，重设 Execute 时停止。属性及信号说明见表 5-42。

表 5-42 MoveAlongCurve 属性及信号说明

属　　性	说　　明
Object	指定要移动的对象
Direction	指定要移动对象的方向
Speed	指定移动速度
Reference	指定参考坐标系。可以是 Global、Local 或 Object
ReferenceObject	如果将 Reference 设置为 Object，指定参考对象
信　　号	说　　明
Execute	将该信号设为 True 时开始旋转对象，设为 False 时停止

六、"其他"子组件

1. GetParent

GetParent 返回输入对象的父对象。找到父对象时，将触发"已执行"信号。属性及信号说明见表 5-43。

表 5-43 GetParent 属性及信号说明

属　　性	说　　明
Child	指定一个对象，寻找该对象的父级
Parent	指定子对象的父级
信　　号	说　　明
Output	如果父级存在则为 High（1）

2. GraphicSwitch

通过单击图形中的可见部件或设置重置输入信号在两个部件之间转换。属性及信号说明见表 5-44。

表 5-44 GraphicSwitch 属性及信号说明

属　　性	说　　明
PartHigh	在信号为 High 时显示
PartLow	在信号为 Low 时显示
信　　号	说　　明
Input	输入信号
Output	输出信号

3. Highlighter

临时将所选对象显示为定义了 RGB 值的高亮色彩。高亮色彩混合了对象的原始色彩，通过 Opacity 进行定义。当信号 Active 被重设，对象恢复原始颜色。属性及信号说明见表 5-45。

表 5-45 Highlighter 属性及信号说明

属　性	说　明
Object	指定要高亮显示的对象
Color	指定高亮颜色的 RGB 值
Opacity	指定对象原始颜色和高亮颜色混合的程度
信　号	说　明
Active	当为 True 时将高亮显示，当为 False 时恢复原始颜色

4. Logger

打印输出窗口的信息。属性及信号说明见表 5-46。

表 5-46 Logger 属性及信号说明

属　性	说　明
Format	字符串，支持变量如{id:type}，类型可以为 d（double），i（int），s（string），o（object）
Message	信息
Severity	信息级别：0（Information），1（Warning），2（Error）
信　号	说　明
Execute	设该信号为 High（1）打印信息

5. MoveToViewPoint

当设置输入信号 Execute 时，在指定时间内移动到选中的视角。当操作完成时，设置输出信号 Executed。属性及信号说明见表 5-47。

表 5-47 MoveToViewPoint 属性及信号说明

属　性	说　明
Viewpoint	指定要移动到的视角
Time	指定完成操作的时间
信　号	说　明
Execute	设该信号为 High（1）开始操作
Executed	当操作完成时该信号转为 High（1）

6.　ObjectComparer

比较 ObjectA 是否与 ObjectB 相同。属性及信号说明见表 5-48。

表 5-48　ObjectComparer 属性及信号说明

属　　性	说　　明
ObjectA	指定要进行对比的组件
ObjectB	指定要进行对比的组件
信　　号	说　　明
Output	如果两对象相等，则为 High

7.　Queue

表示 FIFO（first in，first out）队列。当信号 Enqueue 被设置时，在 Back 中的对象将被添加到队列中。队列前端对象将显示在 Front 中。当设置 Dequeue 信号时，Front 对象将从队列中移除。如果队列中有多个对象，下一个对象将显示在前端。当设置 Clear 信号时，队列中所有对象将被删除。如果 Transformer 组件以 Queue 组件作为对象，该组件将转换 Queue 组件中的内容而非 Queue 组件本身。属性及信号说明见表 5-49。

表 5-49　Queue 属性及信号说明

属　　性	说　　明
Back	指定 Enqueue 的对象
Front	指定队列的第一个对象
Queue	包含队列元素的唯一 ID 编号
NumberOfObjects	指定队列中的对象数目
信　　号	说　　明
Enqueue	将在 Back 中的对象添加至队列末尾
Dequeue	将队列前端的对象移除
Clear	将队列中所有对象移除
Delete	将在队列前端的对象移除，并将该对象从工作站移除
DeleteAll	清空队列，并将所有对象从工作站中移除

8. SoundPlayer

当输入信号被设置时，播放使用 SoundAsset 指定的声音文件，必须为.wav 文件。属性及信号说明见表 5-50。

表 5-50　SoundPlayer 属性及信号说明

属　　性	说　　明
SoundAsset	指定要播放的声音文件，必须为.wav 文件
信　　号	说　　明
Execute	设该信号为 High 时播放声音

9. StopSimulation

当设置了输入信号 Execute 时，停止仿真。属性及信号说明见表 5-51。

表 5-51　StopSimulation 属性及信号说明

属　　性	说　　明
Execute	设该信号为 High 时停止仿真

10. Random

当 Execute 被触发时，生成最大最小值间的任意值。属性及信号说明见表 5-52。

表 5-52　Random 属性及信号说明

属　　性	说　　明
Min	指定最小值
Max	指定最大值
Value	在最大和最小值之间任意指定一个值
信　　号	说　　明
Execute	设该信号为 High 时生成新的任意值
Executed	当操作完成时设为 High

11. SimulationEvents

在仿真开始和停止时，发出脉冲信号。信号说明见表 5-53。

表 5-53　SimulationEvents 信号说明

信　　号	说　　明
SimulationStarted	仿真开始时，输出脉冲信号
SimulationStopped	仿真停止时，输出脉冲信号

学习检测

自我学习检测评分表见表 5-54。

表 5-54　自我学习检测评分表

项目	技术要求	分值	评分细则	评分记录	备注
用 Smart 组件创建动态输送链	1. 设定输送链产品源 2. 设定输送链运动属性 3. 设定输送链限位传感器 4. 创建 Smart 组件的属性与连结 5. 创建 Smart 组件的信号与连接 6. Smart 组件的模拟动态运行	20	1. 理解流程 2. 操作流程		
用 Smart 组件创建动态夹具	1. 设定夹具属性 2. 设定检测传感器 3. 设定拾取放置动作 4. 创建 Smart 组件的属性与连结 5. 创建 Smart 组件的信号与连接 6. Smart 组件的模拟动态运行	20	1. 理解流程 2. 操作流程		
工作站逻辑设定	掌握工作站逻辑的设定	20	1. 理解流程 2. 操作流程		
Smart 组件的子组件概览	了解各子组件的功能	20	理解与掌握		
安全操作	符合上机实训操作要求	20			

带导轨和变位机的机器人系统创建与应用

1. 学会创建带导轨的机器人系统。
2. 学会创建导轨运动轨迹并仿真运行。
3. 学会创建带变位机的机器人系统。
4. 学会创建变位机运动轨迹并仿真运行。

任务 6-1 创建带导轨的机器人系统

➢ **工作任务**

1. 创建带导轨的机器人系统。
2. 创建运动轨迹并仿真运行。

➢ **实践操作**

在工业应用过程中，为机器人系统配备导轨，可大大增加机器人的工作范围。在处理多工位以及较大工件时有着广泛的应用。在本任务中，将练习如何在 RobotStudio 软件中创建带导轨的机器人系统，创建简单的轨迹并仿真运行。

由于使用到机器人导轨，所以要安装与导轨相关的附加选项。过程如图 6-1 所示。

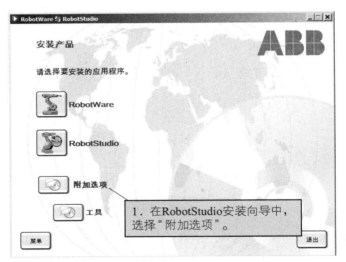

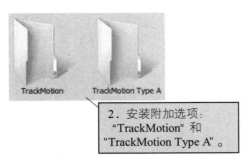

图 6-1

一、创建带导轨的机器人系统

创建带导轨的机器人系统过程如图 6-2～图 6-14 所示。
创建一个空的工作站，并导入机器人模型以及导轨模型。

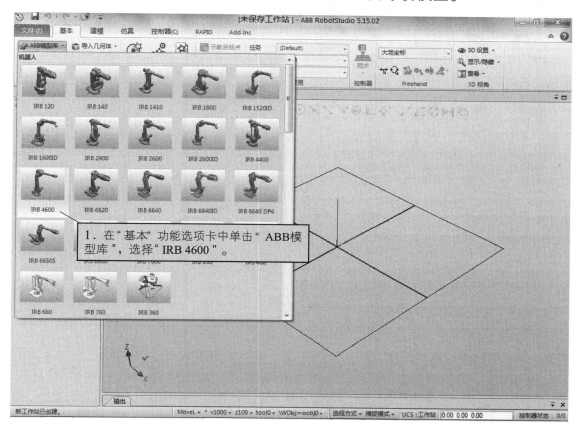

图　6-2

图　6-3

接下来添加导轨模型。

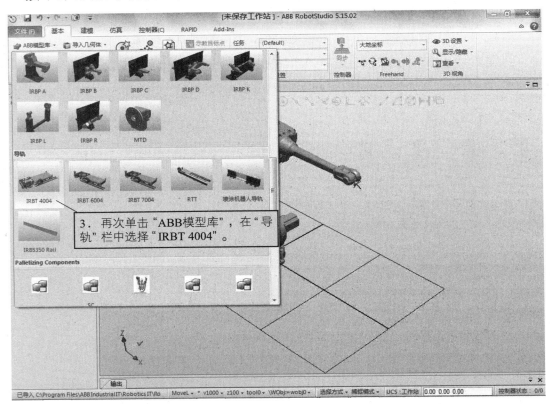

图 6-4

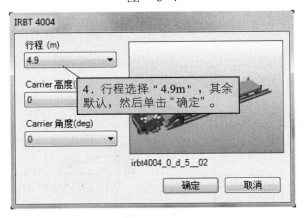

图 6-5

图 6-5 中参数说明如下：

行程：指的是导轨的可运行长度。

Carrier 高度：指的是导轨上面再加装机器人底座的高度。

Carrier 角度：加装的机器人底座方向选择，有 0°和 90°可选。

此处不加装底座，后两项参数默认为 0。

然后，在"基本"功能选项卡的"布局"窗口将机器人安装到导轨上面。

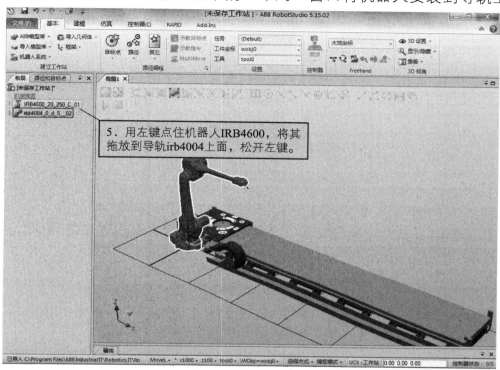

图　6-6

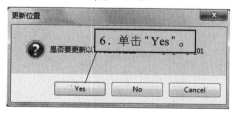

图　6-7

单击"Yes"，则机器人位置更新到导轨基座上面。

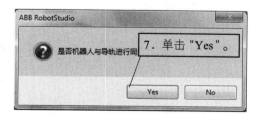

图　6-8

单击"Yes"，则机器人与导轨进行同步运动，即机器人基坐标系随着导轨同步运动。

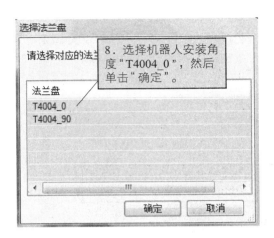

图 6-9

导轨基座上面的安装孔位可灵活选择，从而满足不同的安装需求。
安装完成后，接下来创建机器人系统。

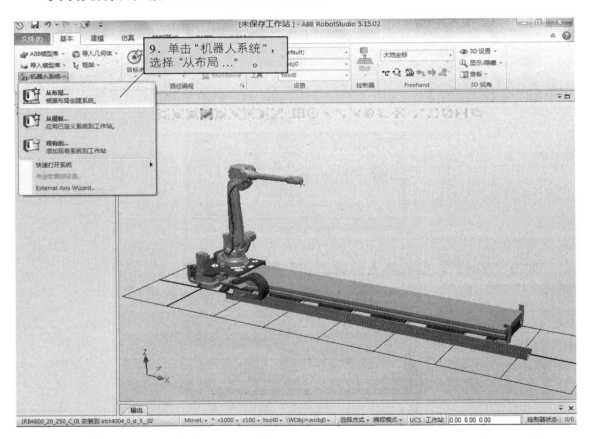

图 6-10

在创建带外轴的机器人系统时，建议使用从布局创建系统，这样在创建过程中，其会自动添加相应的控制选项以及驱动选项，无需自己配置。

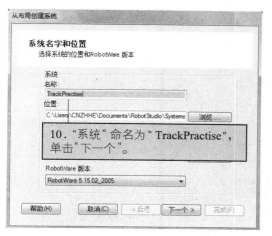

图 6-11

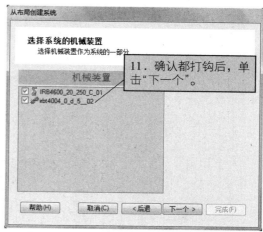

图 6-12

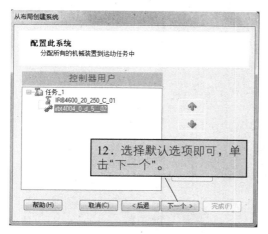

图 6-13

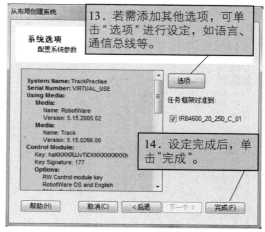

图 6-14

二、创建运动轨迹并仿真运行

导轨作为机器人的外轴，在示教目标点时，既保存了机器人本体的位置数据，又保存了导轨的位置数据。下面就在此系统中创建简单的几个目标点生成运动轨迹，使机器人与导轨同步运动。过程如图 6-15～图 6-23 所示。

例如，将机器人原位置作为运动的起始位置，通过示教目标点将此位置记录下来。

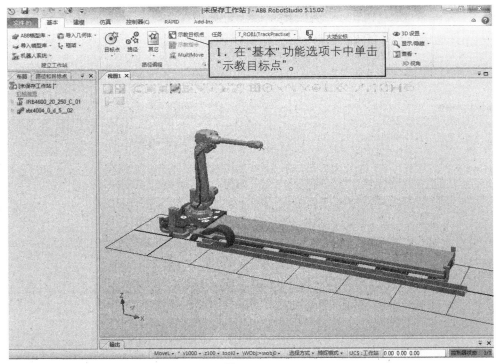

图 6-15

利用手动拖动将机器人以及导轨运动到另外一个位置，并记录该目标点。

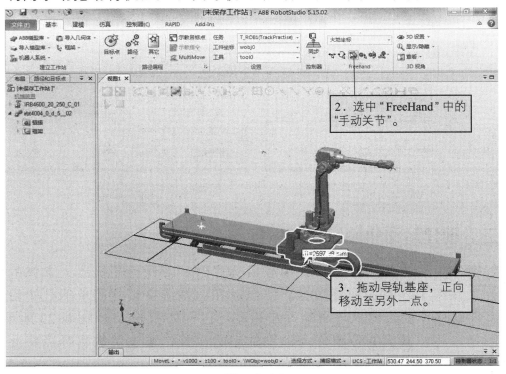

图 6-16

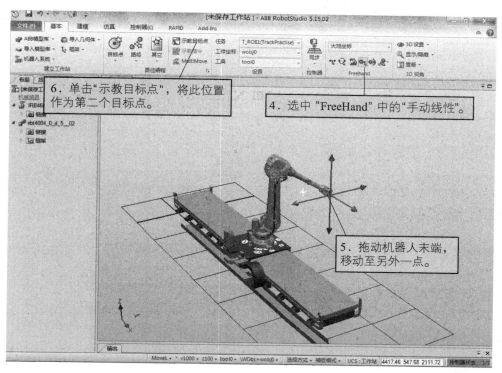

6．单击"示教目标点"，将此位置作为第二个目标点。

4．选中"FreeHand"中的"手动线性"。

5．拖动机器人末端，移动至另外一点。

图　6-17

然后利用这两个目标点生成运动轨迹。

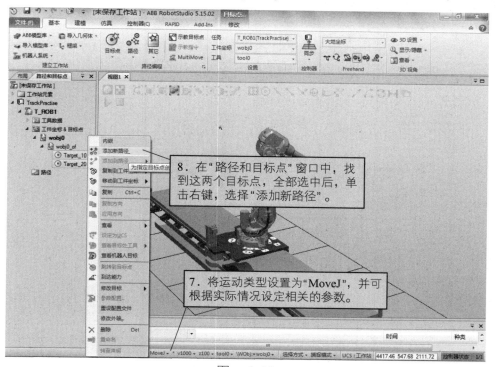

8．在"路径和目标点"窗口中，找到这两个目标点，全部选中后，单击右键，选择"添加新路径"。

7．将运动类型设置为"MoveJ"，并可根据实际情况设定相关的参数。

图　6-18

接着为生成的路径 Path_10 自动配置轴配置参数。

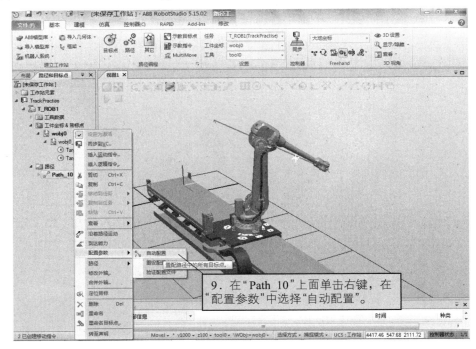

图　6-19

将此条轨迹同步到虚拟控制器。

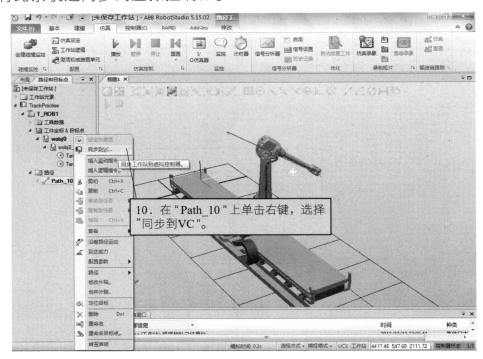

图　6-20

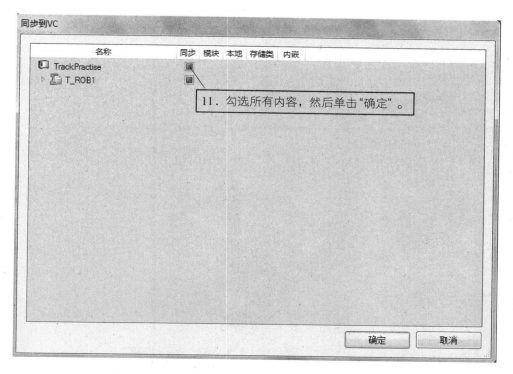

图　6-21

在"仿真"功能选项卡中单击"仿真设定"，进行仿真设置。

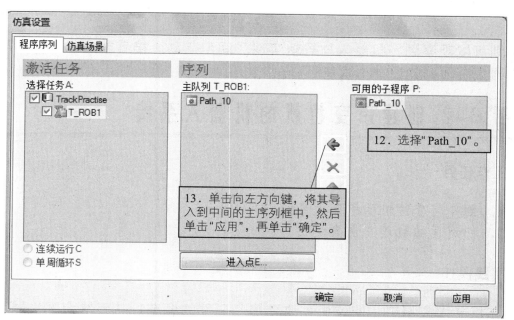

图　6-22

然后仿真运行。

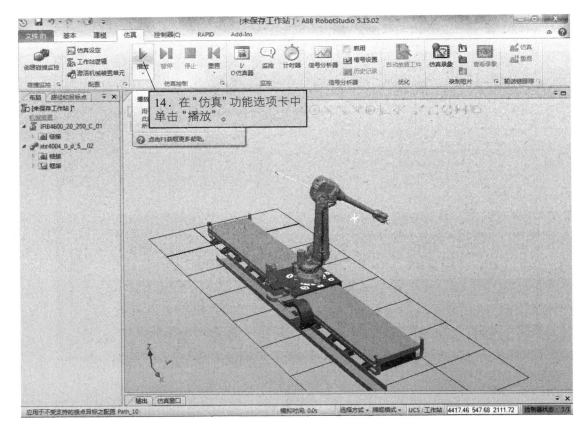

图　6-23

则可以观察到，机器人与导轨实现了同步运动。接着就可以进行带导轨的机器人工作站的设计与构建了。

任务 6-2　创建带变位机的机器人系统

➢　工作任务

1. 创建带变位机的机器人系统。
2. 创建运动轨迹并仿真运行。

➢　实践操作

在机器人应用中，变位机可改变加工工件的姿态，从而增大了机器人的工作范围，在焊接、切割等领域有着广泛的应用。本任务以带变位机的机器人系统对工件表面加工处理为例进行讲解。

一、创建带变位机的机器人系统

创建带变位机的机器人系统如图 6-24～图 6-40 所示。

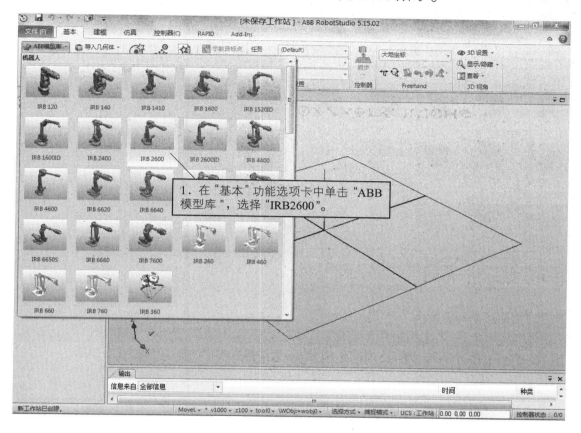

图 6-24

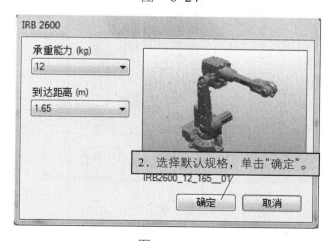

图 6-25

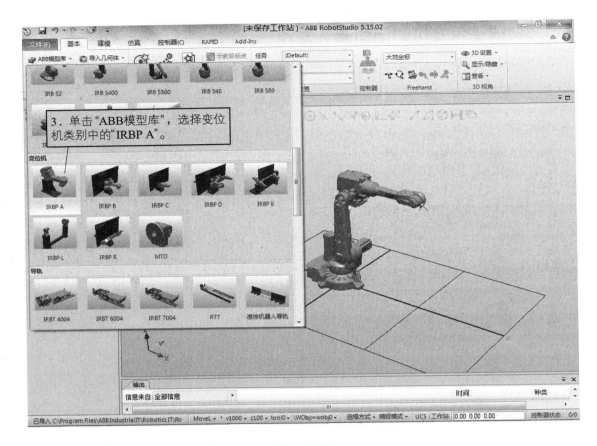

图　6-26

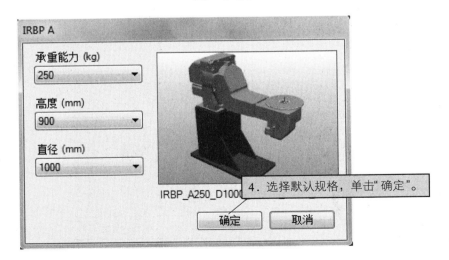

图　6-27

　　添加之后，在"布局"窗口中，用右键单击变位机 IRBP_A250，单击"设定位置"。

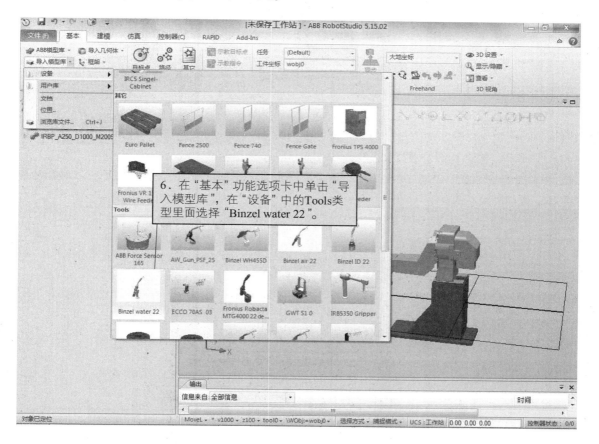

图　6-28

接下来为机器人添加一个工具。

图　6-29

然后将工具安装到机器人法兰盘上。

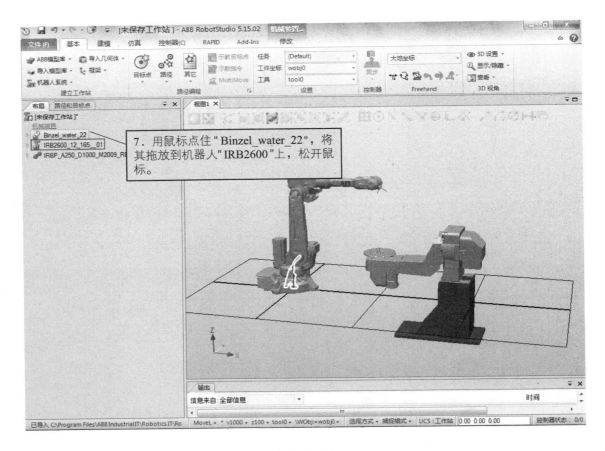

图　6-30

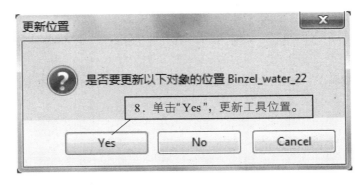

图　6-31

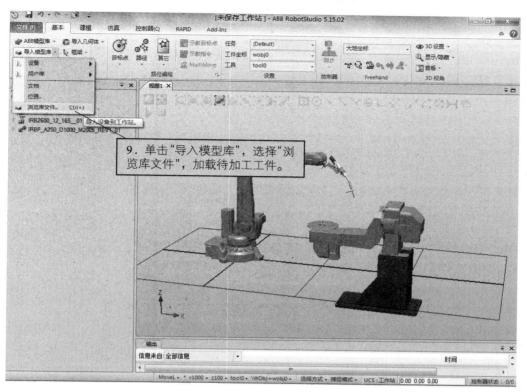

9. 单击"导入模型库"，选择"浏览库文件"，加载待加工工件。

图 6-32

10. 浏览至库文件"Fixture_EA"，单击"Open"，此模型可从www.robotpartner.cn中进行下载。

图 6-33

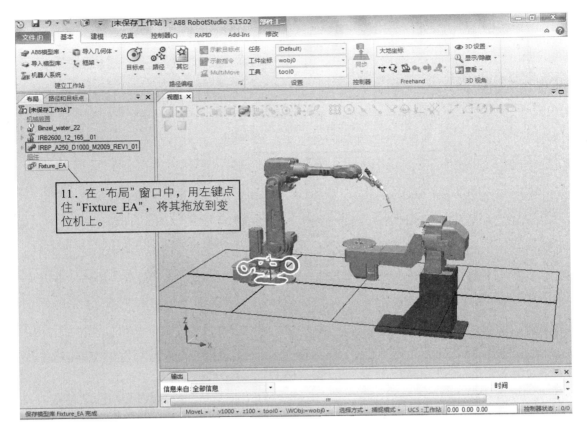

图　6-34

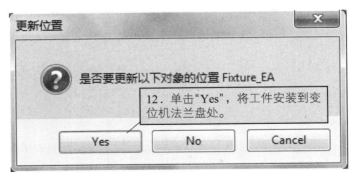

图　6-35

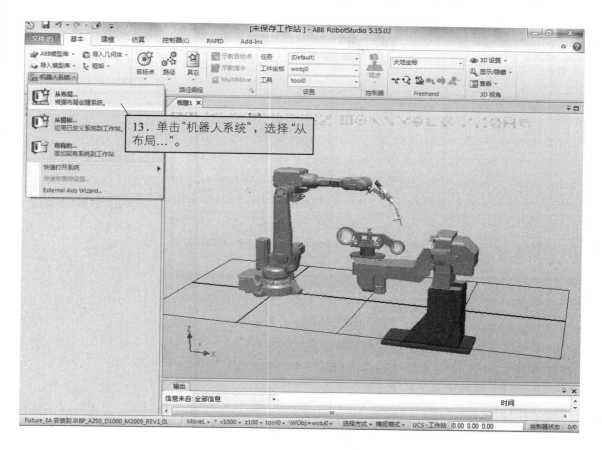

图 6-36

图 6-37

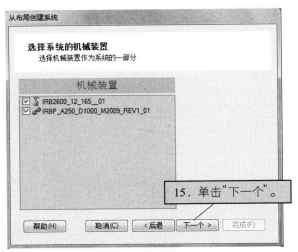

图　6-38

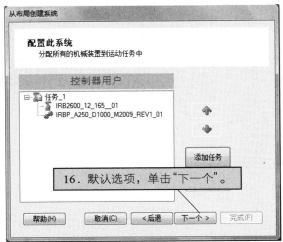

图　6-39

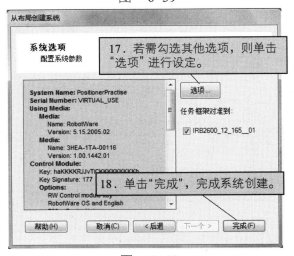

图　6-40

二、创建运动轨迹并仿真运行

在本任务中，仍使用示教目标点的方法，对工件的大圆孔部位进行轨迹处理，如 6-41 图中红色圈中部位。创建运动轨迹并仿真运行过程如图 6-42～图 6-59 所示。

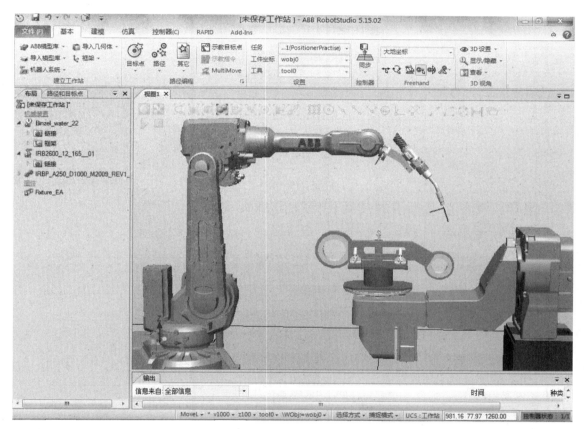

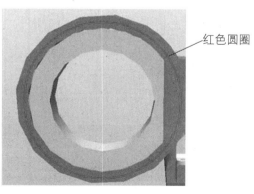

红色圆圈

图 6-41

在带变位机的机器人系统中示教目标点时，需要保证变位机是激活状态，才可同时将变位机的数据记录下来。在软件中激活变位机需要在"仿真"功能选项卡中执行如图 6-42 所示操作。

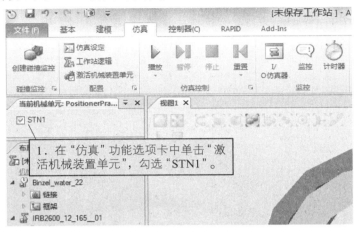

图   6-42

这样，在示教目标点时才可记录变位机关节数据。

下面先来示教一个安全位置。

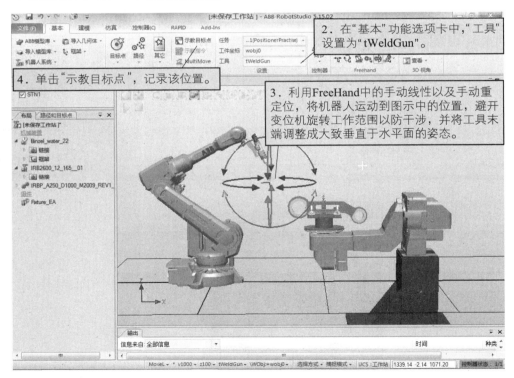

图   6-43

先将变位机姿态调整到位，需要将变位机关节 1 旋转 90°。

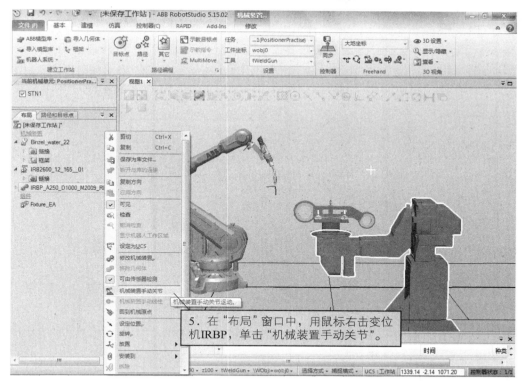

图　6-44

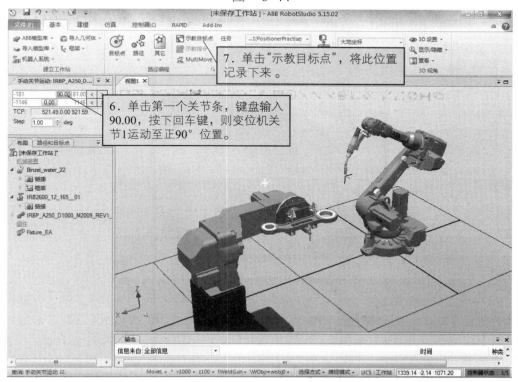

图　6-45

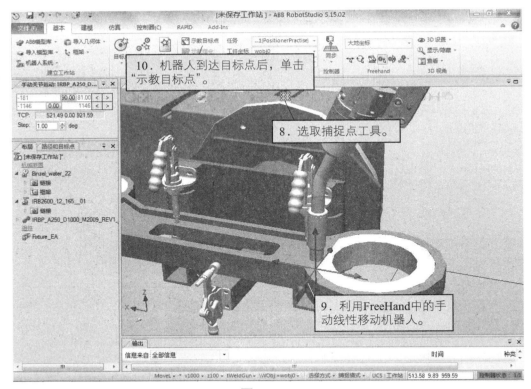

图 6-46

然后利用 FreeHand 中的手动线性，并配合捕捉点的工具，依次示教工件表面的 5 个目标点。

5 个目标点位置以及顺序如图 6-47 所示。

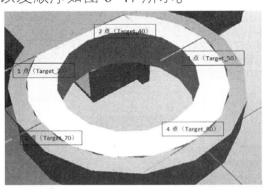

图 6-47

则前后一共示教了 7 个目标点，机器人运动顺序为：Target_10- Target_20- Target_30- Target_40- Target_50- Target_60- Target_70- Target_30- Target_20- Target_10。按照此顺序来生成机器人运动轨迹，加粗点位为加工轨迹，未加粗点位为接近离开轨迹。

示教完成后，先将机器人跳转回目标点 Target_10，然后创建运动轨迹。

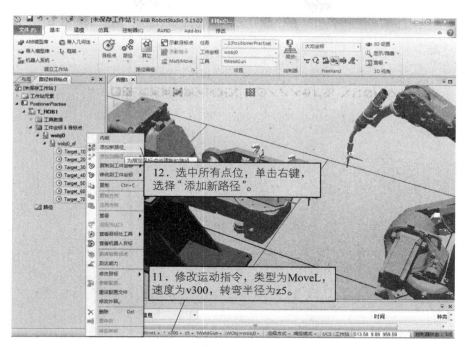

图　6-48

接着完善路径，在 MoveL　p70…指令之后，依次添加 MoveL 30、MoveL 20、MoveL 10。

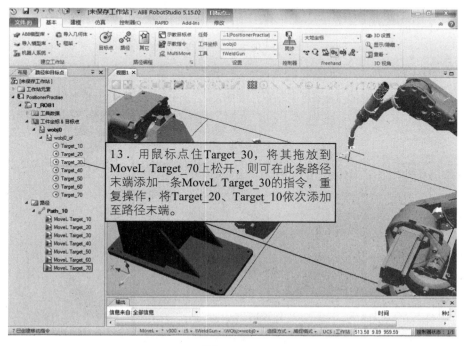

图　6-49

根据实际情况转换运动类型，例如运动轨迹中有两段圆弧。

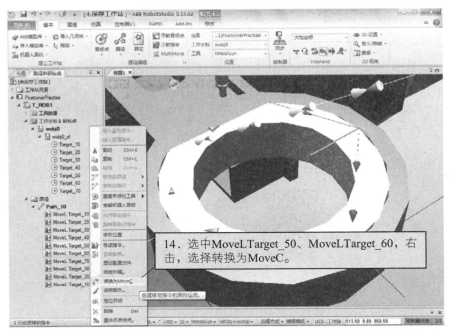

14．选中MoveLTarget_50、MoveLTarget_60，右击，选择转换为MoveC。

图　6-50

重复上述步骤，将之后的 MoveL Target_70、MoveLTarget_30 也转换成 MoveC。然后将运动轨迹前后的接近和离开运动修改为 MoveJ 运动类型。

继续将第二条运动指令 MoveLTarget_20、最后一条指令 MoveLTarget_10 也修改为 MoveJ 类型。

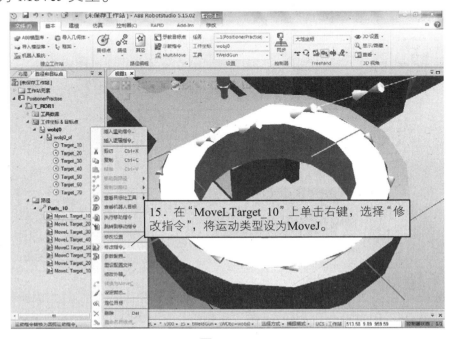

15．在"MoveLTarget_10"上单击右键，选择"修改指令"，将运动类型设为MoveJ。

图　6-51

将工件表面轨迹的起点处运动和终点处运动的转弯半径设为 fine，即把 MoveL Target_30 和 MoveC Target_70、Target_30 两条运动指令的转弯半径设为 fine。

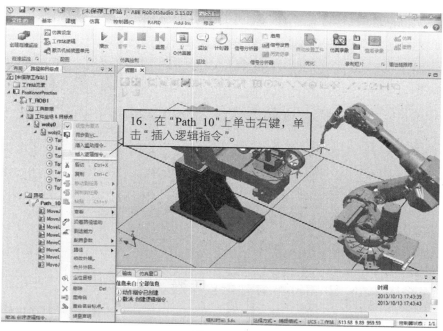

图　6-52

此外还需添加外轴控制指令 ActUnit 和 DeactUnit，控制变位机的激活与失效。

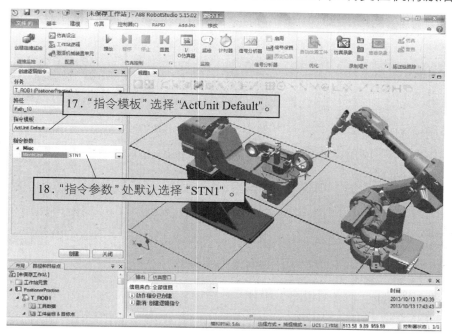

图　6-53

则在 path_10 的第一行加入了 ActUnit STN1 的控制指令。

之后仿照上述步骤，在 Path_10 的最后一行单击鼠标右键，单击"插入逻辑指令"，加入 DeactUnit STN1 指令。

设置完成后的最终轨迹如图 6-54 所示。

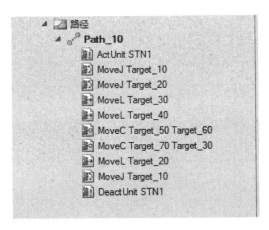

图　6-54

然后为路径 Path_10 自动配置轴配置参数。

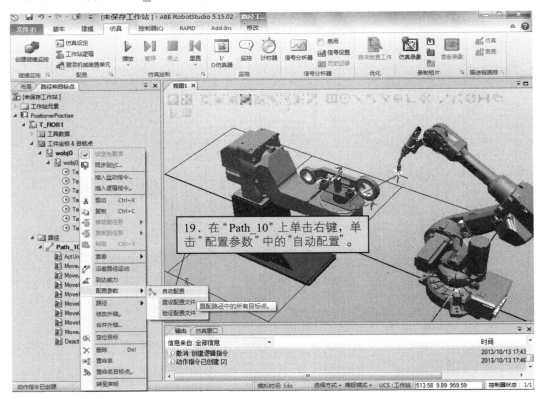

图　6-55

230

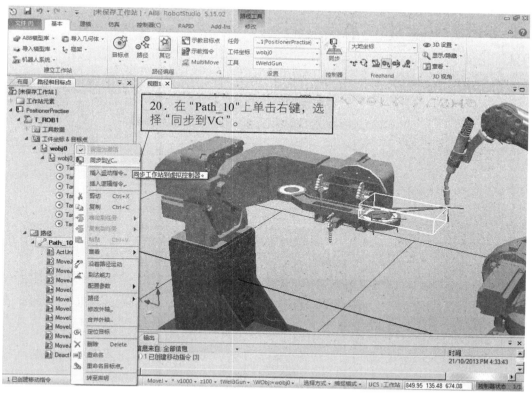

图　6-56

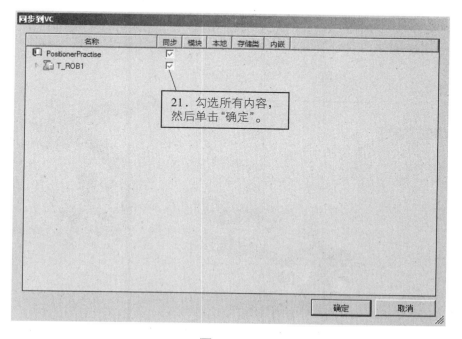

图　6-57

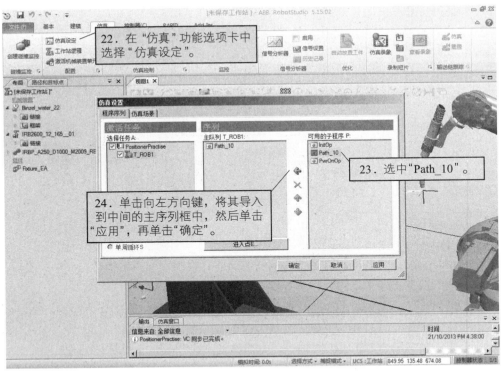

图 6-58

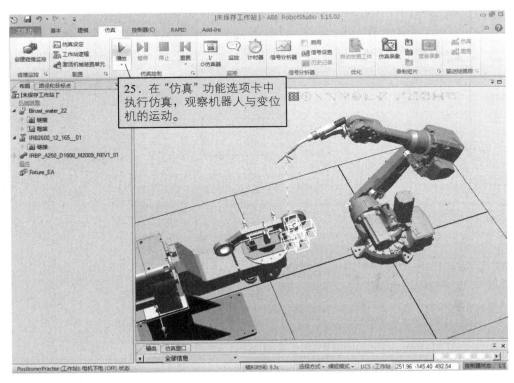

图 6-59

　　最后若有兴趣，可自行完成工件小圆处的处理轨迹，以及工件另一侧两个圆的处理轨迹，从而熟悉带变位机机器人系统的离线编程方法。

学习检测

　　自我学习检测评分表见表6-1。

表6-1　自我学习检测评分表

项目	技术要求	分值	评分细则	评分记录	备注
创建带导轨的机器人系统	1. 创建带导轨的机器人系统 2. 创建运动轨迹并仿真运行	40	1. 理解流程 2. 操作流程		
创建带变位机的机器人系统	1. 创建带变位机的机器人系统 2. 创建运动轨迹并仿真运行	40	1. 理解流程 2. 操作流程		
安全操作	符合上机实训操作要求	20			

项目 7

ScreenMaker 示教器用户自定义界面

教学目标

1. 了解 ScreenMaker 的功能。

2. 学会设定与示教器用户自定义界面关联的 RAPID 程序与数据。

3. 学会使用 ScreenMaker 创建示教器用户自定义界面。

4. 学会使用 ScreenMaker 中的控件构建示教器用户自定义界面。

5. 学会使用 ScreenMaker 调试与修改示教器用户自定义界面。

任务 7-1 了解 ScreenMaker 及准备工作

➤ 工作任务

1. 了解什么是 ScreenMaker。
2. 为注塑机取件机器人创建示教器用户自定义界面的准备工作。

➤ 实践操作

1. 什么是 ScreenMaker

ScreenMaker 是用来创建用户自定义界面的 RobotStudio 工具。使用该工具无需学习 Visual Studio 开发环境和.NET 编程即可创建自定义的示教器图形界面。

使用自定义的操作员界面在工厂实地能简化机器人系统操作。设计合理的操作员界面能在正确的时间以正确的格式将正确的信息显示给用户。

图形用户界面（GUI）通过将机器人系统的内在工作转化为图形化的前端界面，从而简化工业机器人的操作。如在示教器的 GUI 应用中，图形化界面由多个屏幕组成，每个占用示教器触屏的用户窗口区域。每个屏幕又由一定数量的较小的图形组件构成，并按照设计的布局进行摆放。常用的控件有（有时又称作窗口部件或图形组件）按钮、菜单、图像和文本框。示教器如图 7-1 所示。

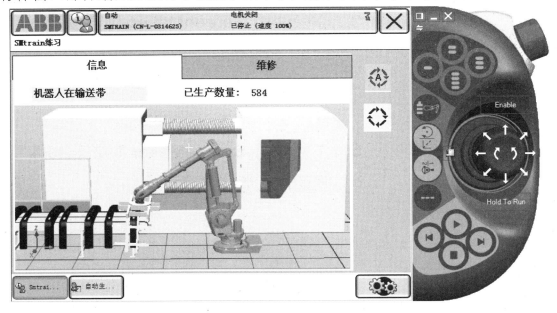

图 7-1

2. 为注塑机取件机器人创建示教器用户自定义界面的准备工作

在本项目中，为了简化注塑机取件机器人的操作，将一些常用的工业机器人控制操作进行图形化。

图形化界面需要与机器人的 RAPID 程序、程序数据以及 I/O 信号进行关联。为了调试方便，一般是在 RobotStudio 中创建一个与真实一样的工作站，在调试完成以后，再输送到真实的机器人控制器中去。

已构建好一个用于创建注塑机取件机器人示教器用户自定义界面的工作站，如图 7-2 所示。双击进行解包打开，如图 7-3 所示。

RSmaterial_0701.rspag

图　7-2

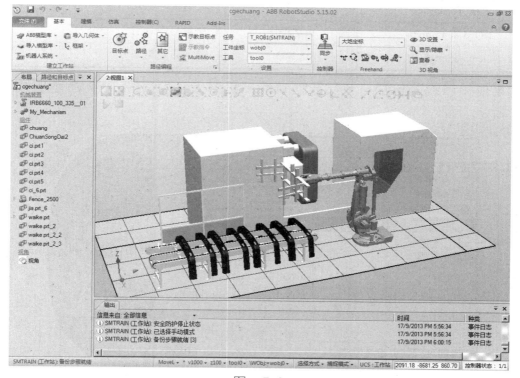

图　7-3

与示教器用户自定义界面的数据已在此工作站中准备完成，具体见表 7-1～表 7-3 所示。

表 7-1　RAPID 程序

模　　块	说　　明
ModuleForSM	存放关联的程序数据、例行程序
例 行 程 序	说　　明
Main	测试程序，用于测试用户自定义界面
rToService	机器人运行到维修位置

237

表 7-2　程序数据

程 序 数 据	储 存 类 型	数 据 类 型	说　　明
nProducedParts	PERS	num	已生产工件数量
nRobotPos	PERS	num	机器人当前位置
bServicePos	PERS	Bool	机器人在维修位置

表 7-3　I/O 信号

信　　号	类　　型	说　　明
DO_ToService	数字输出	机器人在维修位置
DO_VacummOn	数字输出	夹具打开真空
GI_FeederSpeed	组输入	输送带速度调节

要使用示教器用户自定义界面功能，机器人必须有图 7-4 所示虚线框中的选项。

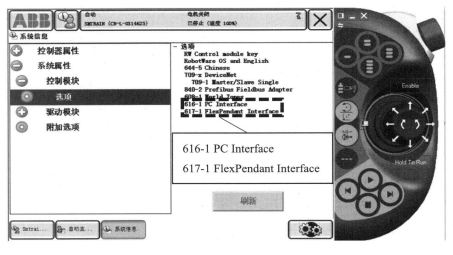

图　7-4

任务 7-2　创建注塑机取件机器人用户自定义界面

➤ 工作任务

1. 使用 ScreenMaker 创建一个新项目。
2. 使用 ScreenMaker 对界面进行布局。
3. 对项目进行保存。

➤ 实践操作

1. 使用 ScreenMaker 创建一个新项目

使用 ScreenMaker 创建一个新项目如图 7-5～图 7-9 所示。

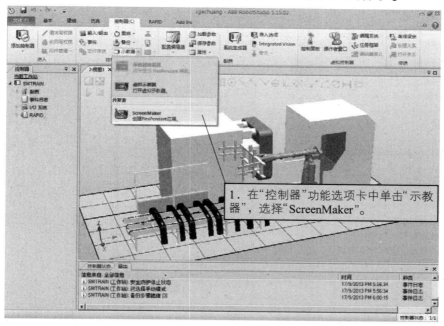

图 7-5

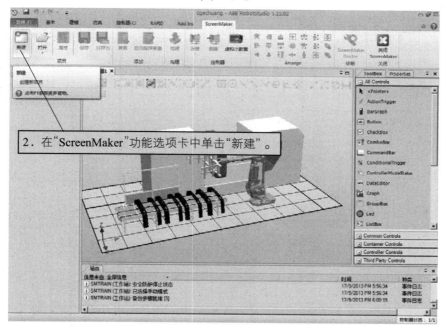

图 7-6

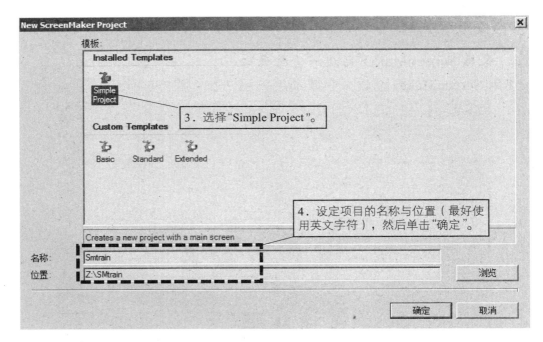

图 7-7

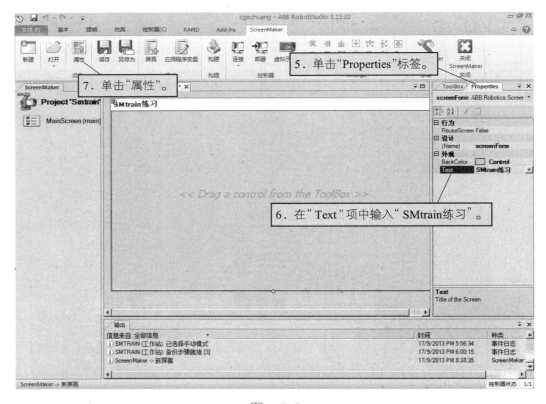

图 7-8

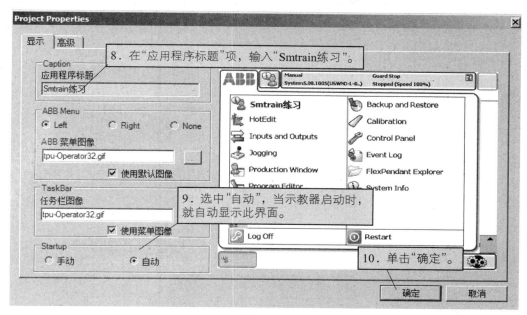

图 7-9

2. 使用 ScreenMaker 对界面进行布局

使用 ScreenMaker 对界面进行布局过程如图 7-10~图 7-13 所示。

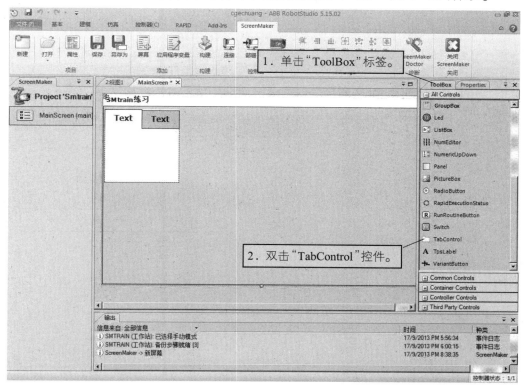

图 7-10

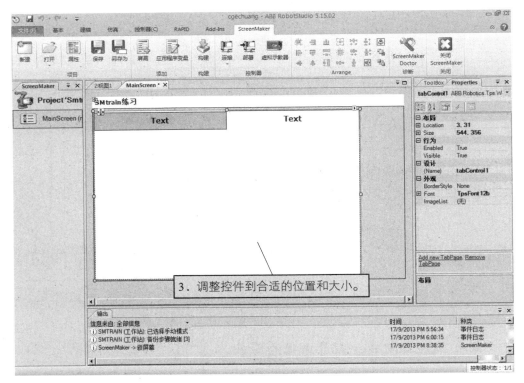

图 7-11

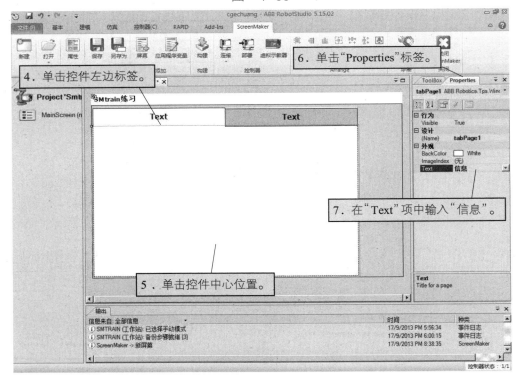

图 7-12

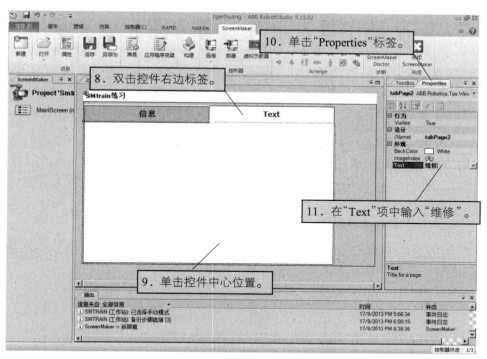

图　7-13

3. 对项目进行保存

对项目进行保存如图 7-14 所示。

图　7-14

任务 7-3 设置注塑机取件机器人用户信息界面

> ➢ 工作任务

1. 使用 ScreenMaker 设置机器人当前位置文字提示。
2. 使用 ScreenMaker 设置机器人当前位置图形提示。
3. 使用 ScreenMaker 设置机器人已取件数量。
4. 调试"信息"界面。

> ➢ 实践操作

1. 使用 ScreenMaker 设置机器人当前位置文字提示

机器人当前位置文字提示是与程序数据 nRobotPos 相关联的,具体定义如下:

nRobotPos=0　机器人在 HOME 点

　　　　　1　机器人在输送带

　　　　　2　机器人在注塑机中

　　　　　3　机器人在维修位

在编程的时候,在对应的位置加入对 nRobotPos 这个程序数据进行的赋值,从而使界面作出响应。

使用 ScreenMaker 设置机器人当前位置文字提示过程如图 7-15～图 7-23 所示。

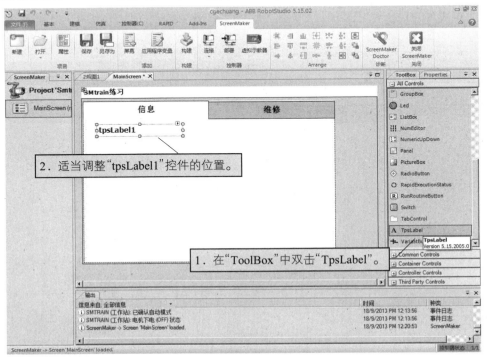

图　7-15

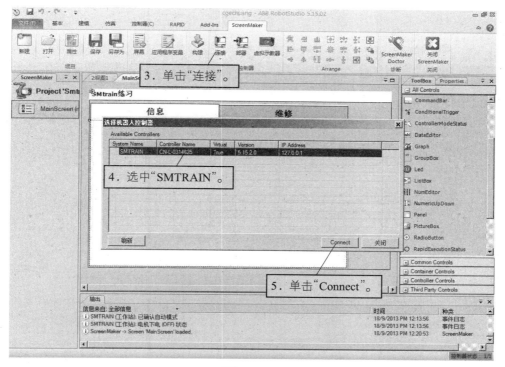

图　7-16

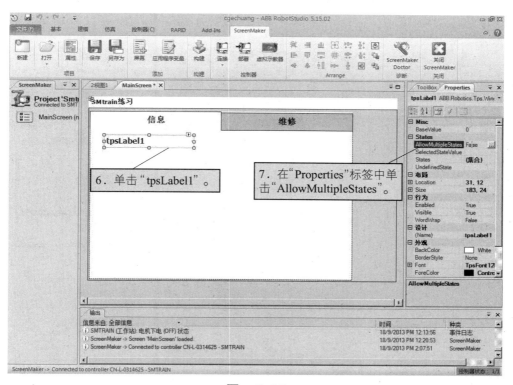

图　7-17

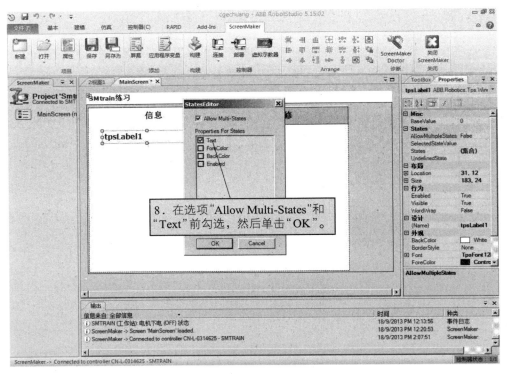

图　7-18

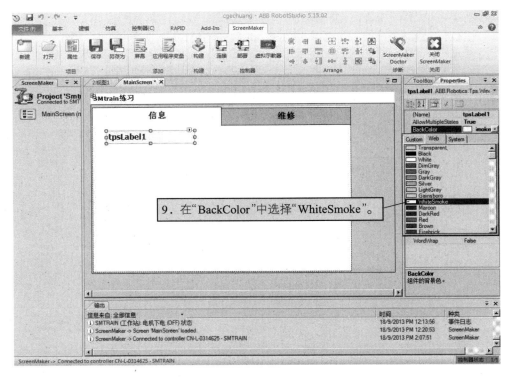

图　7-19

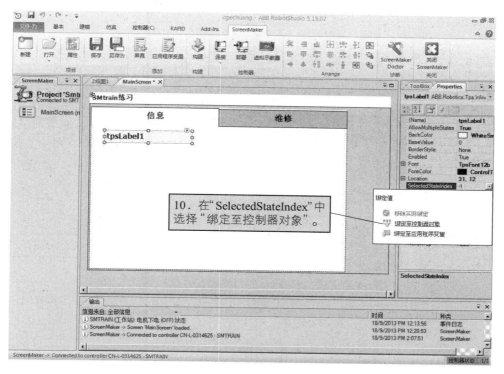

图　7-20

以下，我们将机器人的动作说明与程序数据 nRobotPos 关联起来。

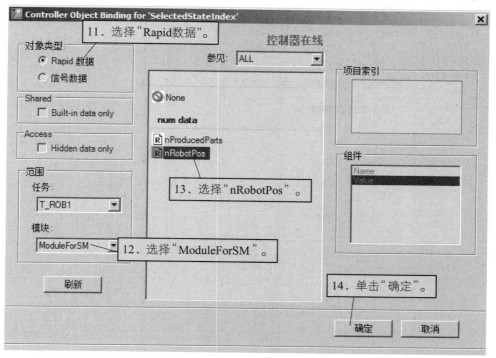

图　7-21

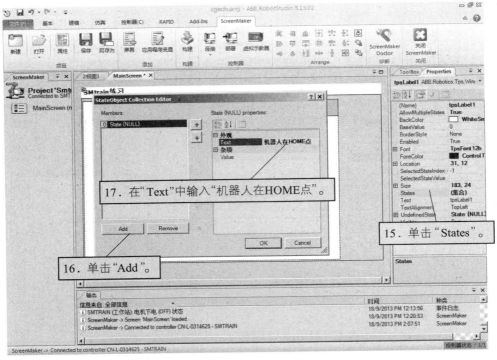

图　7-22

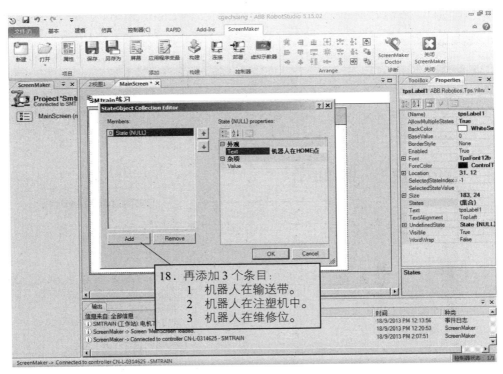

图　7-23

2. 使用 ScreenMaker 设置机器人当前位置图形提示

使用 ScreenMaker 设置机器人当前位置图形提示过程如图 7-24～图 7-31 所示。

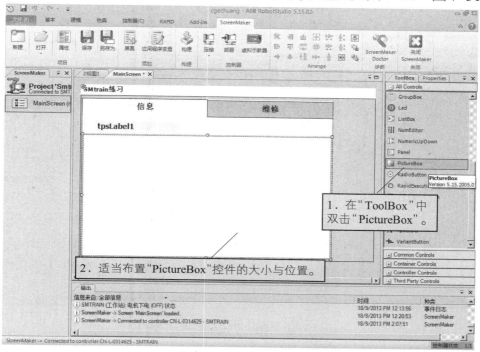

图　7-24

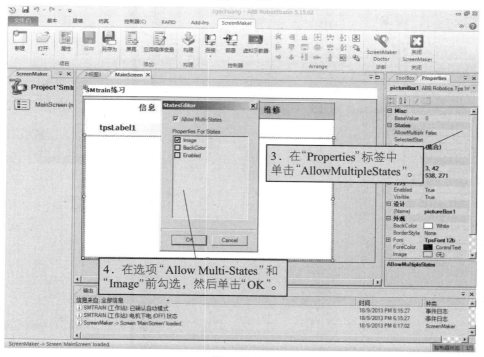

图　7-25

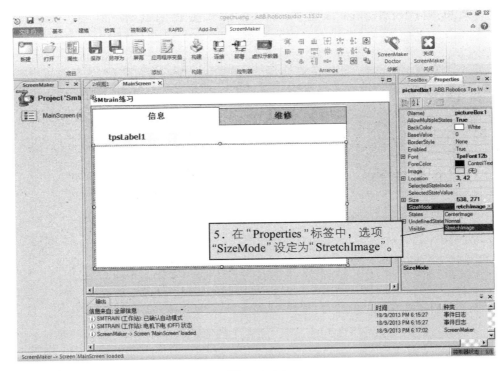

图 7-26

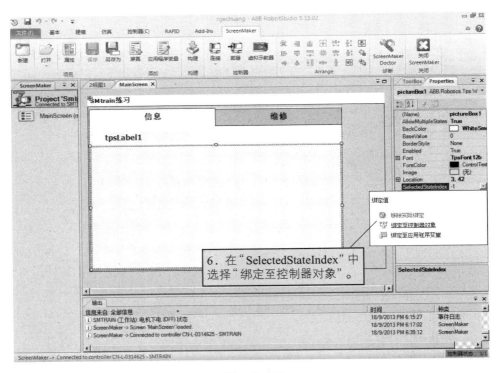

图 7-27

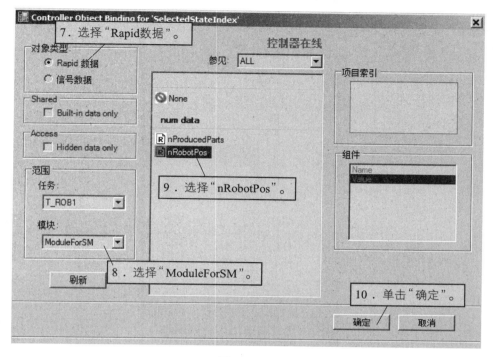

图 7-28

下面将机器人的动作图片与程序数据 nRobotPos 关联起来。

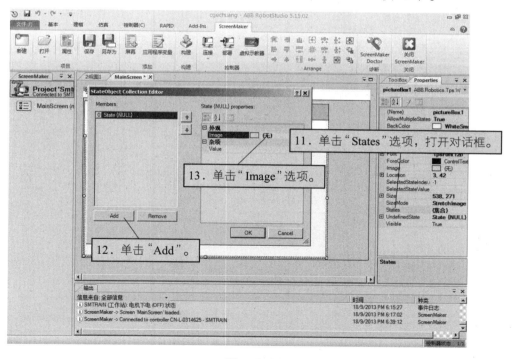

图 7-29

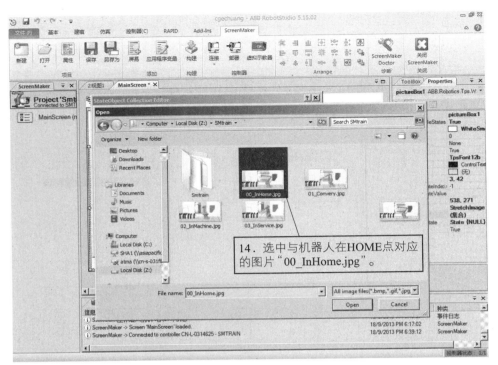

图　7-30

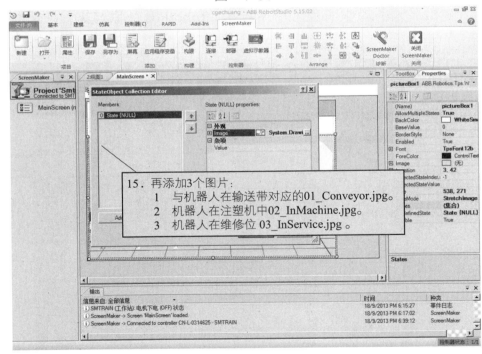

图　7-31

3．使用 ScreenMaker 设置机器人已取件数量

使用 ScreenMaker 设置机器人已取件数量过程如图 7-32～图 7-36 所示。

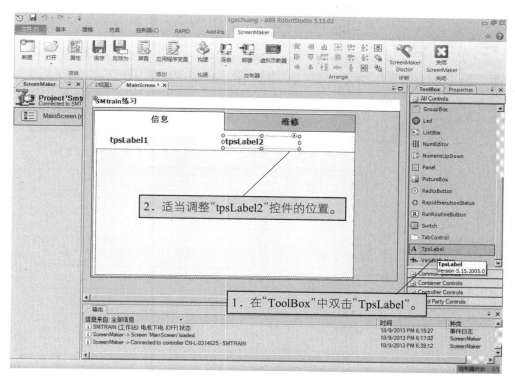

图 7-32

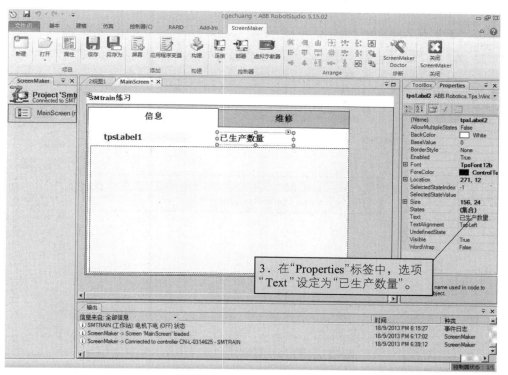

图 7-33

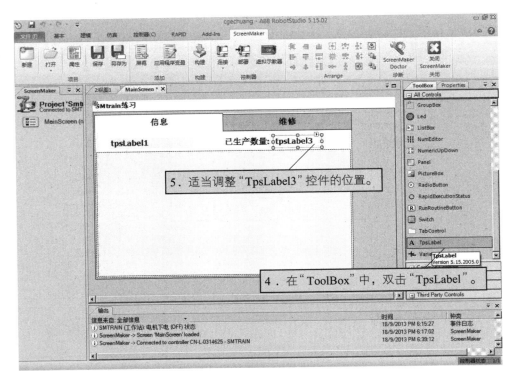

图　7-34

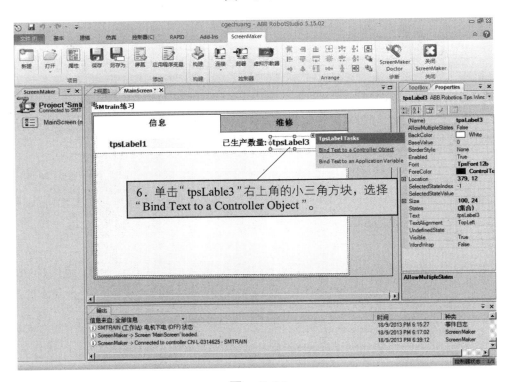

图　7-35

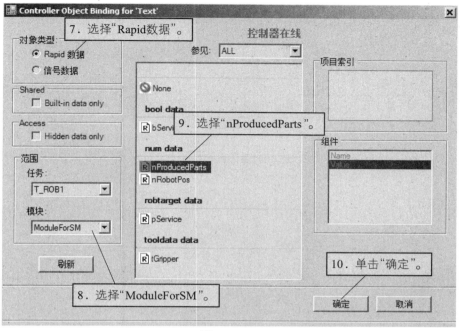

图 7-36

4. 调试"信息"界面

接着要调试一下"信息"界面,看是否能正常运行。过程如图 7-37~图 7-41 所示。

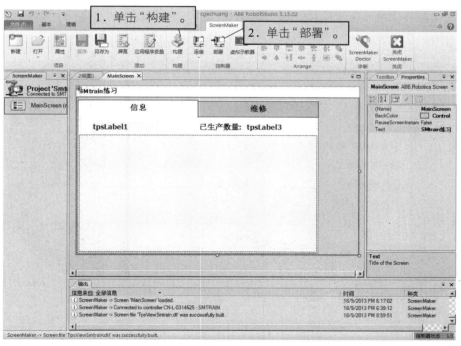

图 7-37

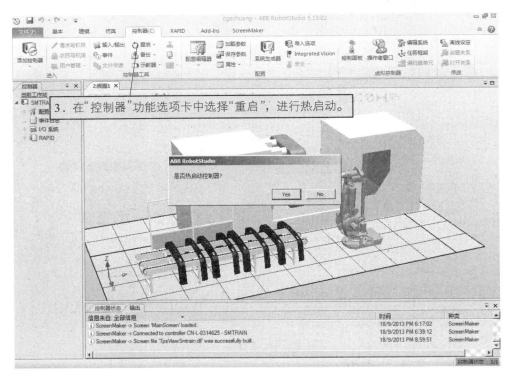

图 7-38

图 7-39

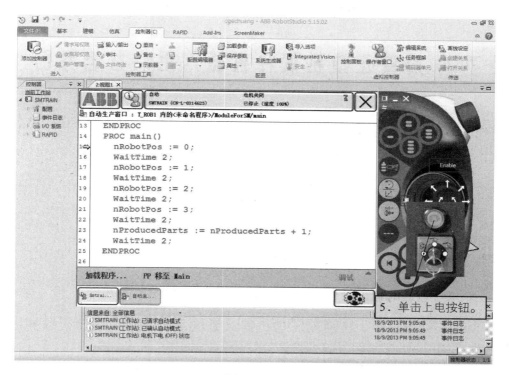

图　7-40

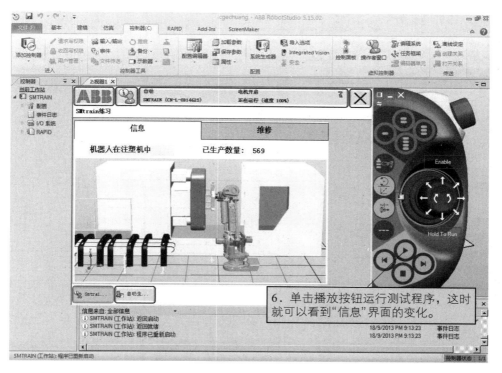

图　7-41

任务 7-4 设置注塑机取件机器人用户状态界面

➤ 工作任务

1. 使用 ScreenMaker 设置机器人当前手动/自动状态提示。
2. 使用 ScreenMaker 设置机器人当前程序运行状态提示。
3. 调试"状态"界面。

➤ 实践操作

1. 使用 ScreenMaker 设置机器人当前手动/自动状态提示

在 ScreenMaker 中，已预设了与机器人系统事件关联的控件，只需进行调用并布局即可。过程如图 7-42 所示。

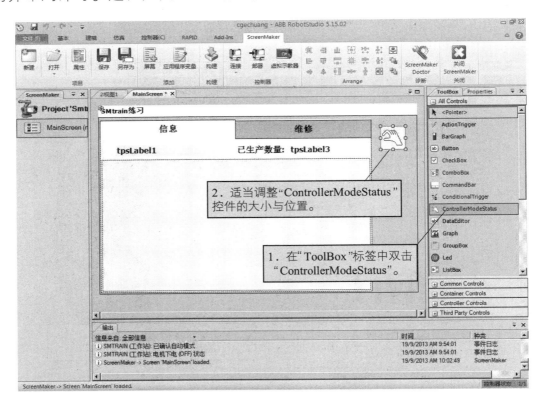

图 7-42

2. 使用 ScreenMaker 设置机器人当前程序运行状态提示

使用 ScreenMaker 设置机器人当前程序运行状态提示过程如图 7-43 所示。

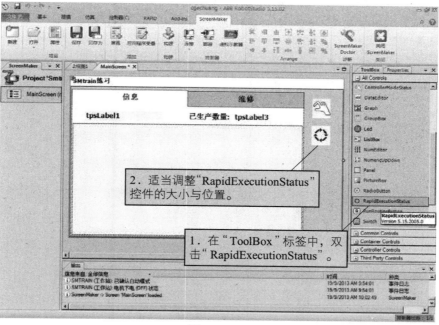

图　7-43

3. 调试"状态"界面

调试"状态"界面过程如图 7-44～图 7-47 所示。

图　7-44

259

接着要调试一下"信息"界面，看是否能正常运行。

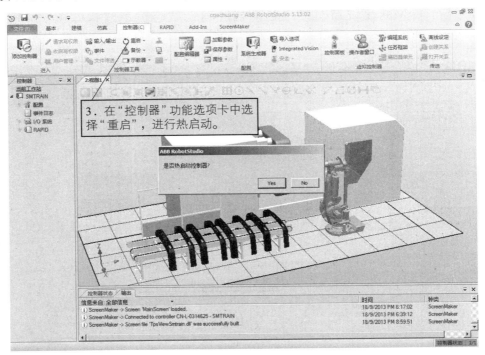

图 7-45

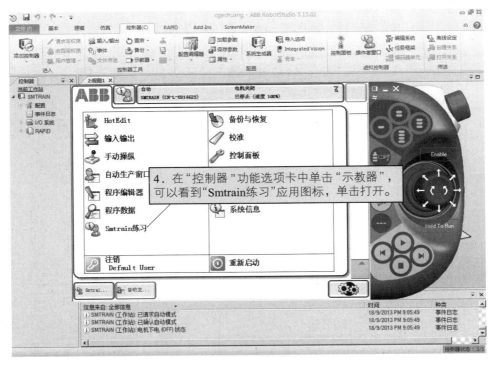

图 7-46

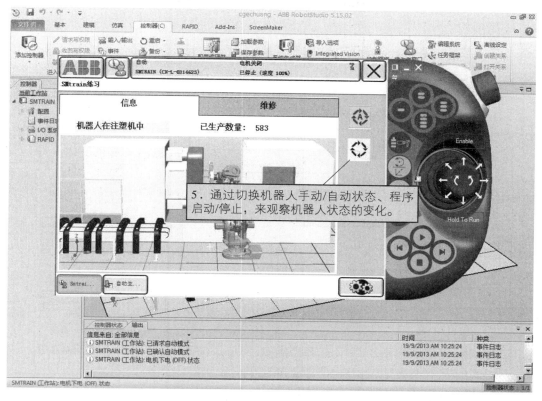

图 7-47

任务 7-5 设置注塑机取件机器人用户维修界面

➤ 工作任务

1. 使用 ScreenMaker 设置机器人回维修位置的功能。
2. 使用 ScreenMaker 设置机器人夹具动作控制。
3. 使用 ScreenMaker 设置输送带的速度调节功能。
4. 调试 "维修" 界面。

➤ 实践操作

1. 使用 ScreenMaker 设置机器人回维修位置的功能

通过 ScreenMaker 设置一个按钮来调用一个例行程序。这样就可以简化例行程序的调用步骤，降低误操作的可能。过程如图 7-48～图 7-52 所示。

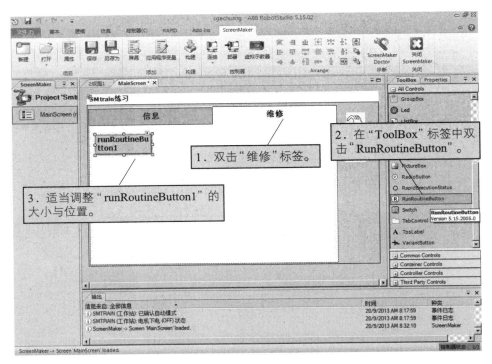

图　7-48

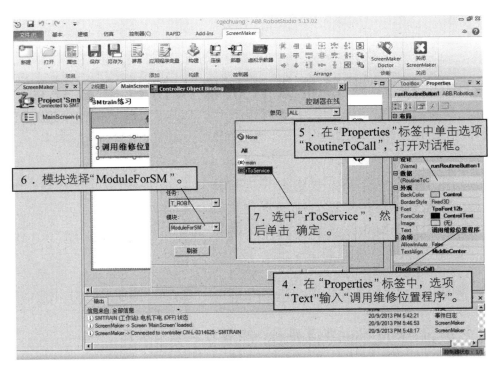

图　7-49

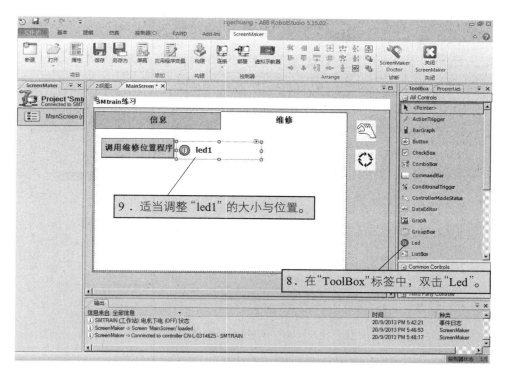

图　7-50

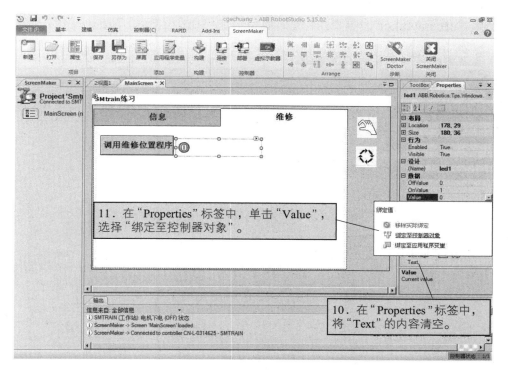

图　7-51

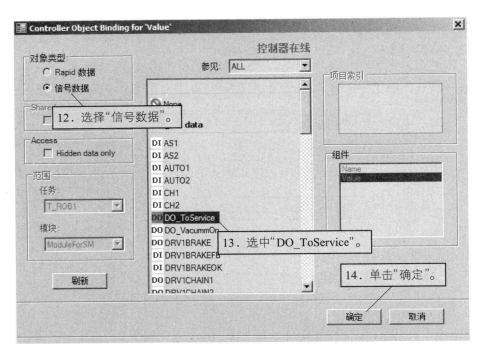

图　7-52

2. 使用 ScreenMaker 设置机器人夹具动作控制

使用 ScreenMaker 设置机器人夹具动作控制过程如图 7-53～图 7-56 所示。

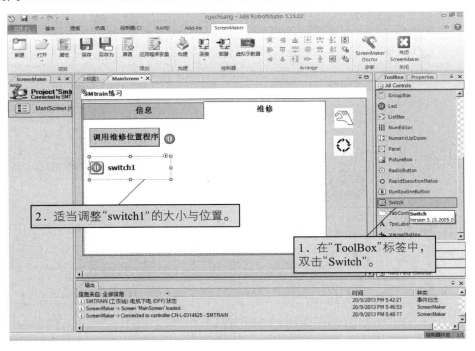

图　7-53

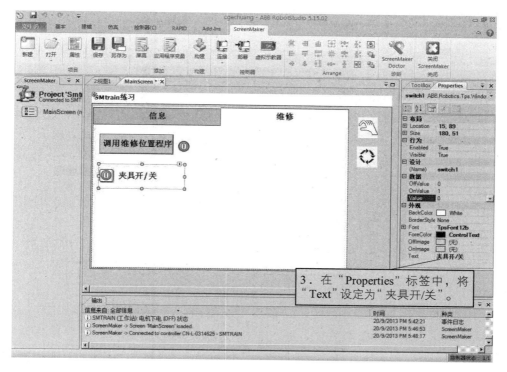

图 7-54

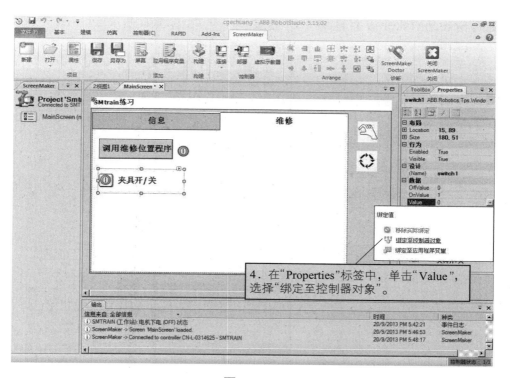

图 7-55

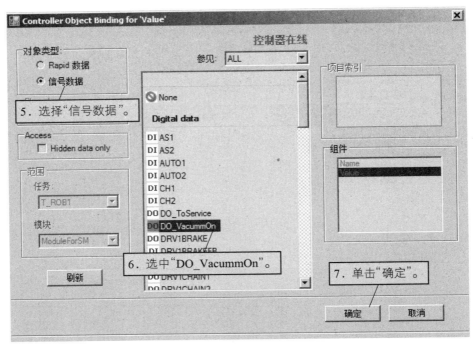

图　7-56

3. 使用 ScreenMaker 设置输送带的速度调节功能

使用 ScreenMaker 设置输送带的速度调节功能过程如图 7-57～图 7-60 所示。

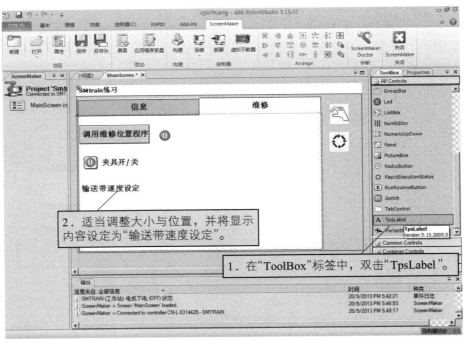

图　7-57

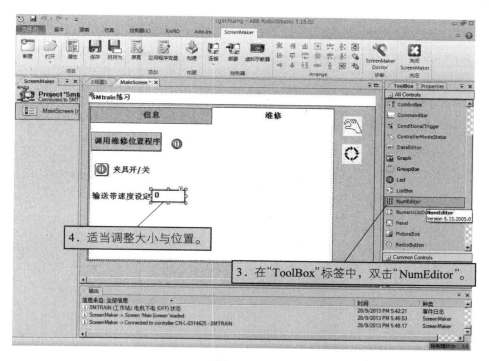

图　7-58

下面来设定输送带要关联的 I/O 信号，并设定最高限速与最低限速，单位是 mm/s。

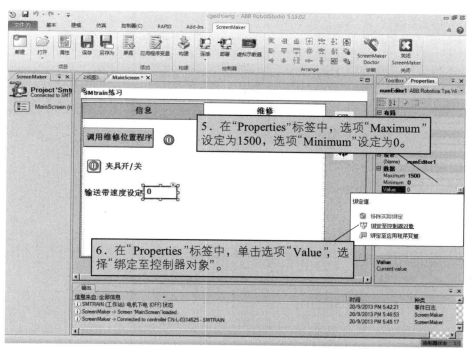

图　7-59

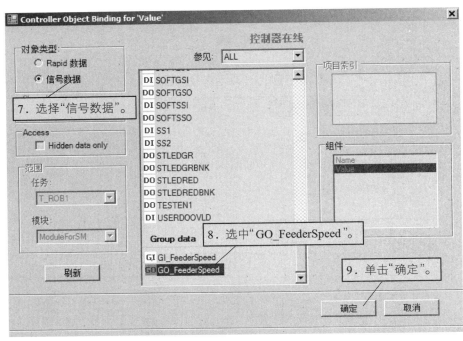

图　7-60

4. 调试 "维修" 界面

调试 "维修" 界面如图 7-61～图 7-64 所示。

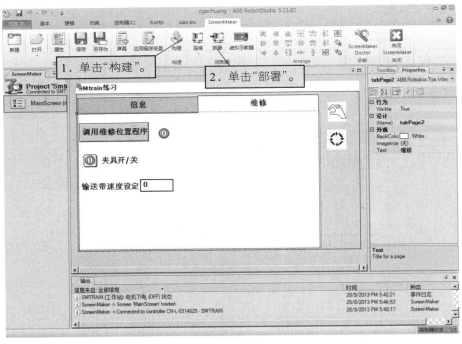

图　7-61

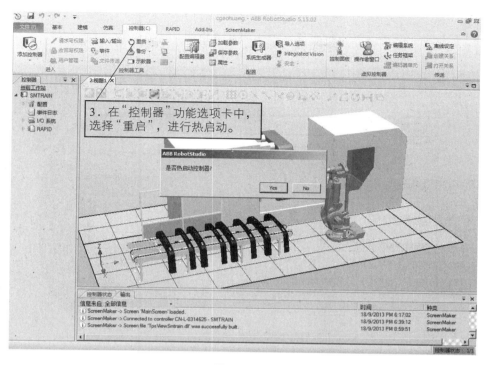

图 7-62

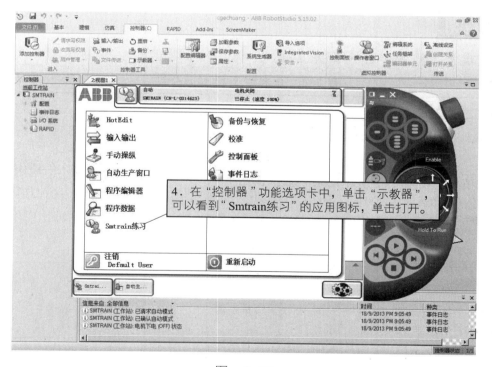

图 7-63

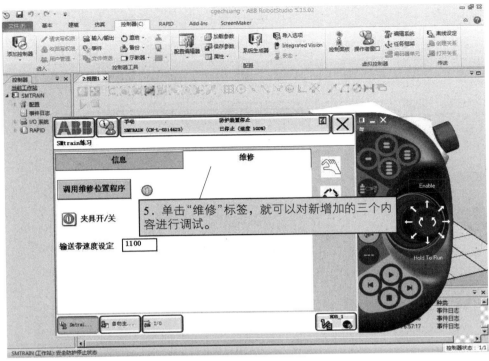

5.单击"维修"标签，就可以对新增加的三个内容进行调试。

图 7-64

学习检测

自我学习检测评分表见表 7-4。

表 7-4 自我学习检测评分表

项目	技术要求	分值	评分细则	评分记录	备注
了解 ScreenMaker 的作用	1.了解创建用户自定义界面的目的 2.了解 ScreenMaker 的作用	15	理解原理		
创建注塑机取件机器人用户自定义界面	1.使用 ScreenMaker 创建一个新项目 2.使用 ScreenMaker 对界面进行布局 3.对项目进行保存	15	1.理解流程 2.操作流程		
设置注塑机取件机器人用户信息界面	1.使用 ScreenMaker 设置机器人当前位置文字提示 2.使用 ScreenMaker 设置机器人当前位置图形提示 3.使用 ScreenMaker 设置机器人已取件数量 4.调试"信息"界面	15	1.理解流程 2.操作流程		

（续）

项 目	技术要求	分值	评分细则	评分记录	备注
设置注塑机取件机器人用户状态界面	1．使用 ScreenMaker 设置机器人当前手动/自动状态提示 2．使用 ScreenMaker 设置机器人当前程序运行状态提示 3．调试"状态"界面	15	1．理解流程 2．操作流程		
设置注塑机取件机器人用户维修界面	1．使用 ScreenMaker 设置机器人回维修位置的功能 2．使用 ScreenMaker 设置机器人夹具动作控制 3．使用 ScreenMaker 设置输送带的速度调节功能 4．调试"维修"界面	15	1．理解流程 2．操作流程		
安全操作	符合上机实训操作要求	25			

RobotStudio 的在线功能

1. 学会使用 RobotStudio 与机器人进行连接的操作。
2. 学会使用 RobotStudio 在线备份与恢复的操作。
3. 学会使用 RobotStudio 在线进行 RAPID 程序编辑的操作。
4. 学会使用 RobotStudio 在线编辑 I/O 信号的操作。
5. 学会使用 RobotStudio 在线进行文件传送的操作。
6. 学会使用 RobotStudio 在线监控机器人及示教器动作状态。
7. 学会使用 RobotStudio 进行用户权限的管理。
8. 学会使用 RobotStudio 进行机器人系统的创建与安装。

任务 8-1 使用 RobotStudio 与机器人进行连接并获取权限的操作

➤ 工作任务

1. 建立 RobotStudio 与机器人的连接。
2. 获取 RobotStudio 在线控制权限。

➤ 实践操作

一、建立 RobotStudio 与机器人的连接

通过 RobotStudio 与机器人连接，可用 RobotStudio 的在线功能对机器人进行监控、设置、编程与管理。图 8-1～图 8-4 所示就是建立连接的过程。

请将随机所附带的网线一端连接到计算机的网线端口，另一端与机器人的专用网线端口进行连接。

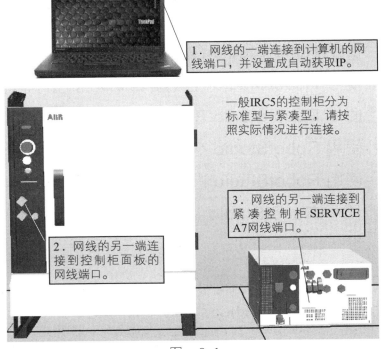

1. 网线的一端连接到计算机的网线端口，并设置成自动获取IP。

一般IRC5的控制柜分为标准型与紧凑型，请按照实际情况进行连接。

2. 网线的另一端连接到控制柜面板的网线端口。

3. 网线的另一端连接到紧凑控制柜SERVICE A7网线端口。

图　8-1

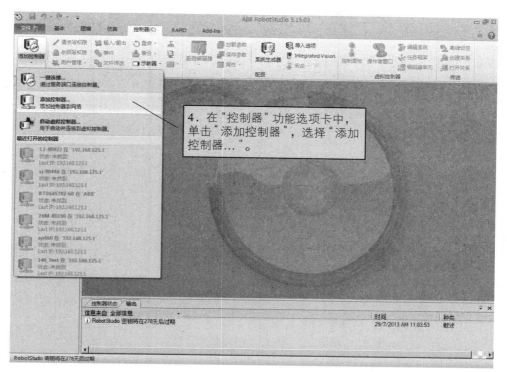

图 8-2

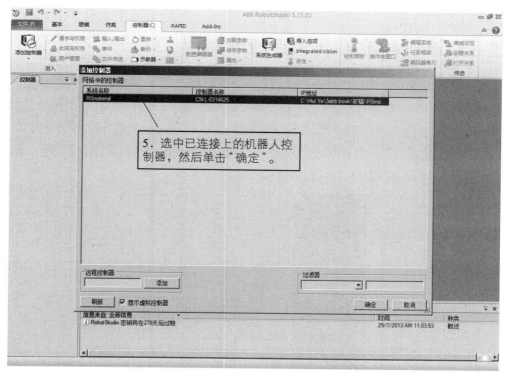

图 8-3

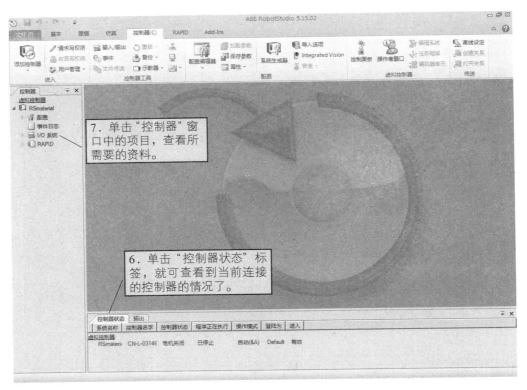

图　8-4

二、获取 RobotStudio 在线控制权限

除了能通过 RobotStudio 在线对机器人进行监控与查看以外，还可以通过 RobotStudio 在线对机器人进行程序的编写、参数的设定与修改等操作。为了保证较高的安全性，在对机器人控制器数据进行写操作之前，要首先在示教器进行"请求写权限"的操作，防止在 RobotStudio 中错误修改数据，造成不必要的损失。过程如图 8-5～图 8-8 所示。

1. 将机器人状态钥匙开关切换到"手动"状态。

图　8-5

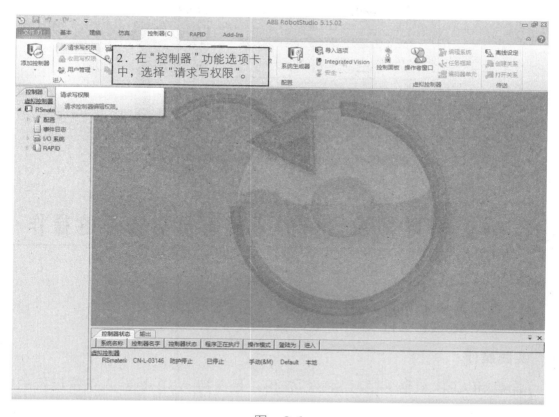

图 8-6

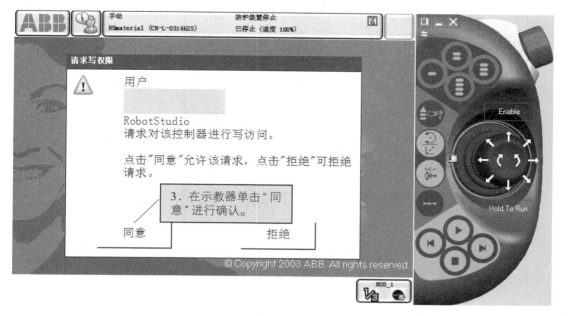

图 8-7

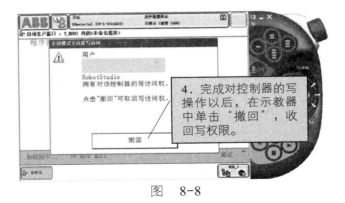

图 8-8

任务 8-2 使用 RobotStudio 进行备份与恢复的操作

➤ 工作任务

1. 使用 RobotStudio 进行备份的操作。
2. 使用 RobotStudio 进行恢复的操作。

➤ 实践操作

定期对 ABB 机器人的数据进行备份，是保持 ABB 机器人正常运行的良好习惯。ABB 机器人数据备份的对象是所有正在系统内存运行的 RAPID 程序和系统参数。当机器人系统出现错乱或者重新安装新系统以后，可以通过备份快速地把机器人恢复到备份时的状态。

1. 备份的操作

备份的操作过程如图 8-9～图 8-11 所示。

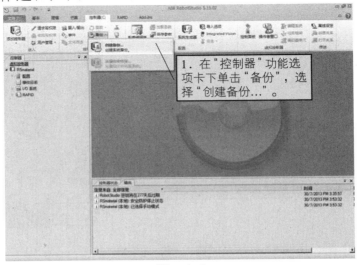

图 8-9

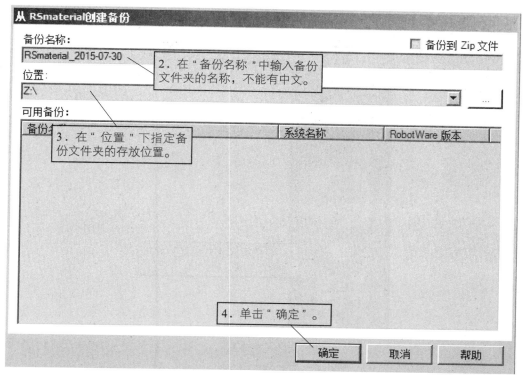

图　8-10

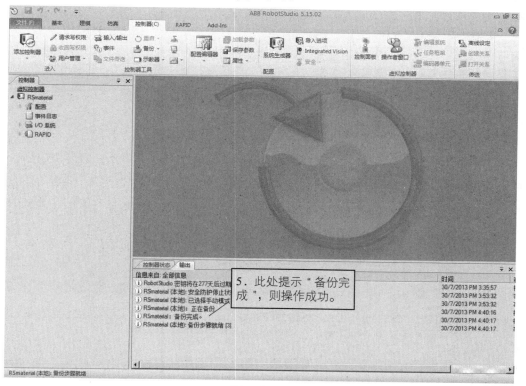

图　8-11

2. 恢复的操作

恢复操作如图 8-12～图 8-16 所示。

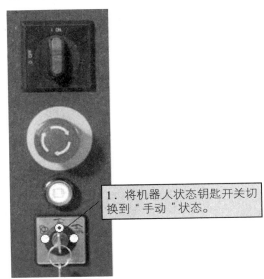

图　8-12

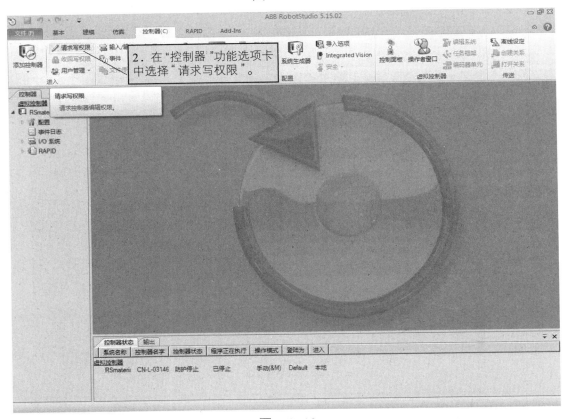

图　8-13

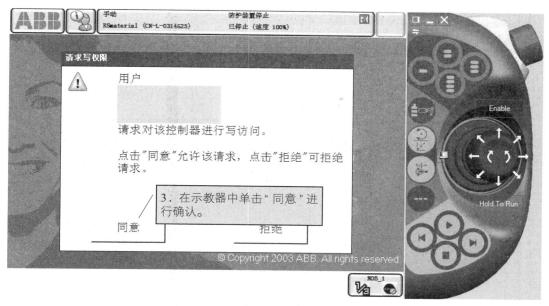

图 8-14

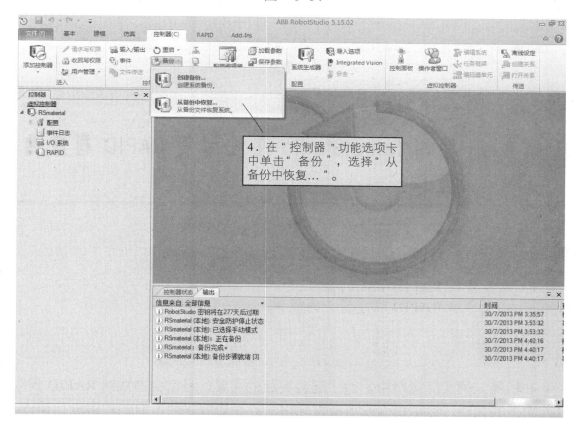

图 8-15

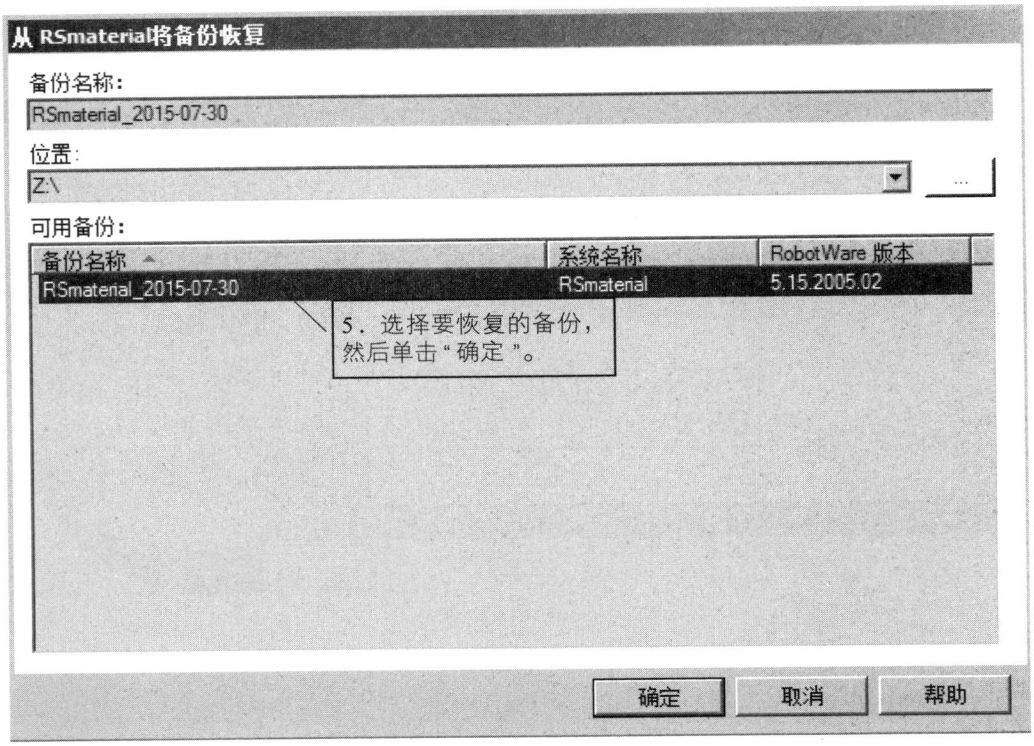

图　8-16

至此，恢复操作完成。

<h1>任务 8-3　使用 RobotStudio 在线编辑 RAPID 程序的操作</h1>

➤ 工作任务

1. 在线修改 RAPID 程序的操作。
2. 在线添加 RAPID 程序指令的操作。

➤ 实践操作

在机器人的实际运行中，为了配合实际的需要，经常会在线对 RAPID 程序进行微小的调整，包括修改或增减程序指令。下面就这两方面的内容进行操作。

1. 修改等待时间指令 WaitTime

将程序中的等待时间从 2s 调整为 3s，修改过程如下：

首先建立起 RobotStudio 与机器人的连接,请参考任务 8-1 中的详细说明。接着进行图 8-17～图 8-22 所示的操作。

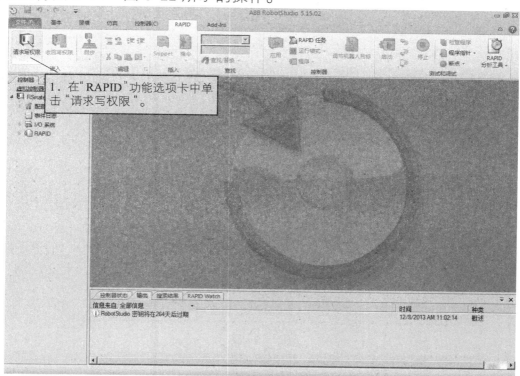

图 8-17

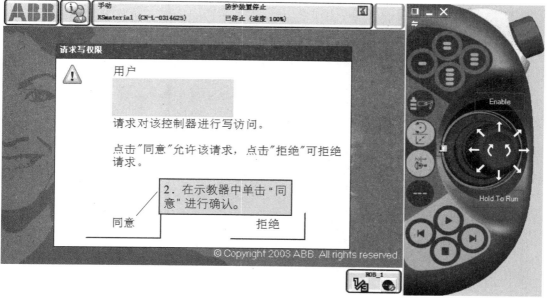

图 8-18

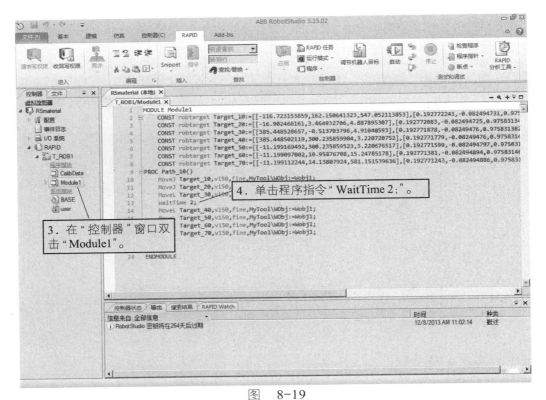

图 8-19

图 8-20

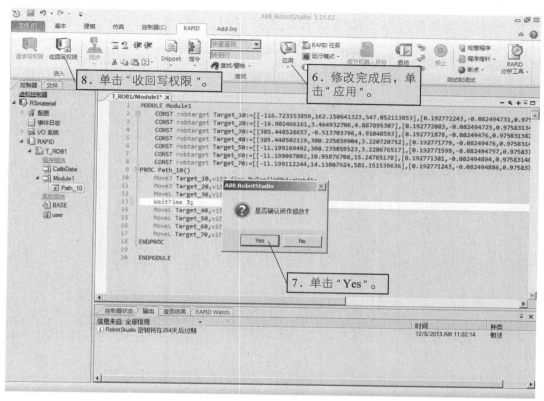

图　8-21

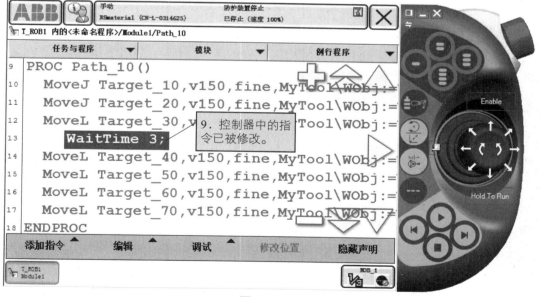

图　8-22

2. 增加速度设定指令 VelSet

为了将程序中机器人的最高速度限制到 1000mm/s，要在一个程序中移动

285

指令的开始位置之前添加一条速度设定指令。操作过程如图 8-23～图 8-30 所示。

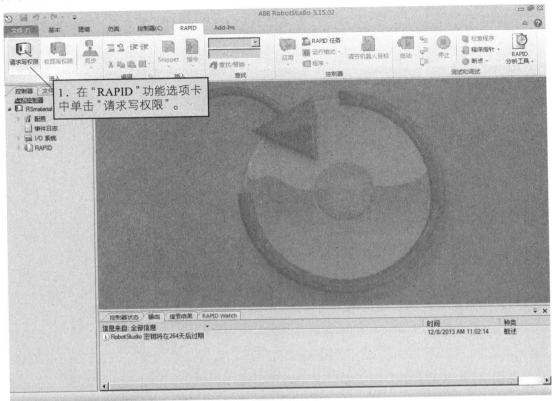

图　8-23

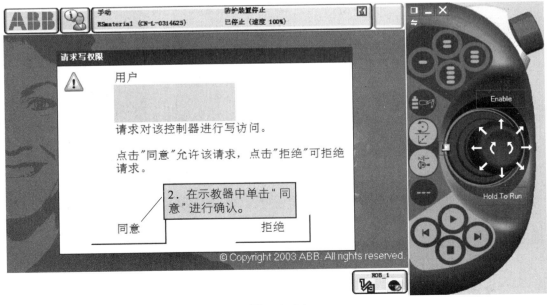

图　8-24

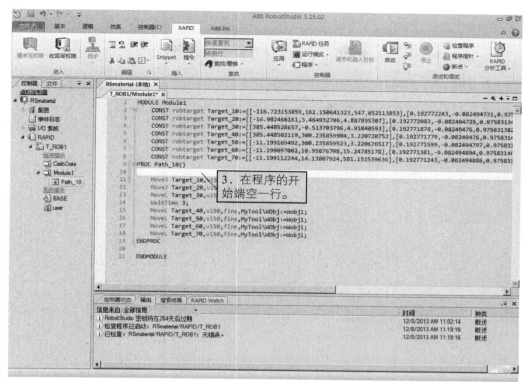

图 8-25

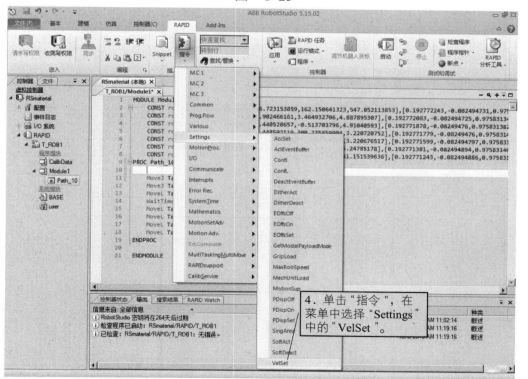

图 8-26

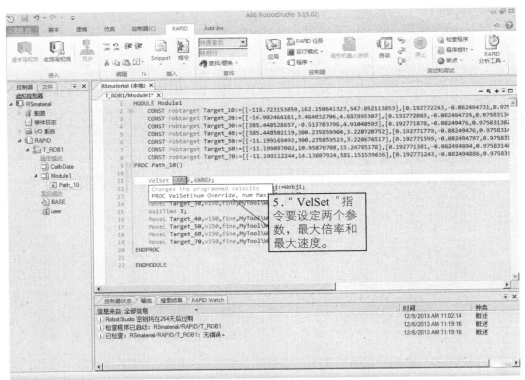

图　8-27

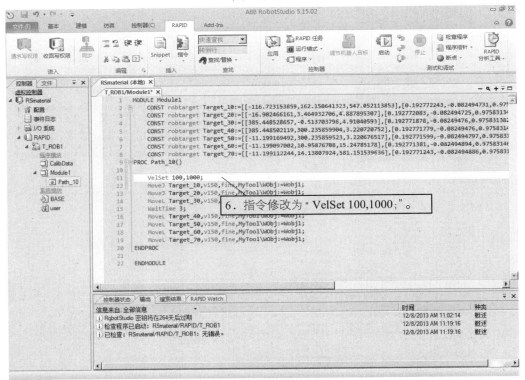

图　8-28

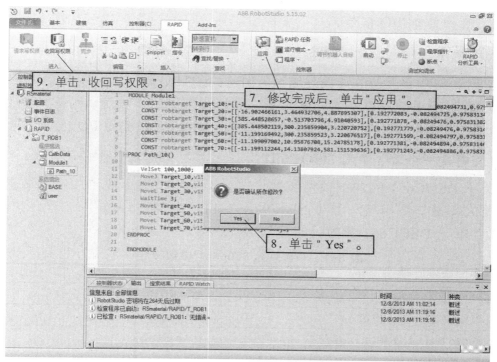

图　8-29

图　8-30

任务 8-4　使用 RobotStudio 在线编辑 I/O 信号的操作

➤ 工作任务

1. 在线添加 I/O 单元。

2. 在线添加 I/O 信号。

➤ **实践操作**

机器人与外部设备的通信是通过 ABB 标准的 I/O 或现场总线的方式进行的，其中又以 ABB 标准 I/O 板应用最广泛，所以以下的操作就是以新建一个 I/O 单元及添加一个 I/O 信号为例子，来学习 RobotStudio 在线编辑 I/O 信号的操作。

1. 创建一个 I/O 单元 DSQC651

关于 DSQC651 的详细规格参数说明，请参考机械工业出版社出版的《工业机器人实操与应用技巧》（ISBN 978-7-111-31742-5）。

I/O 单元 DSQC651 参数设定见表 8-1。

表 8-1 I/O 单元 DSQC651 参数设定

名　　称	值
Name（I/O 单元名称）	BOARD10
Type of Unit（I/O 单元类型）	d651
Connected to Bus（I/O 单元所在总线）	DeviceNet1
DeviceNet Address（I/O 单元所占用总线地址）	10

首先要建立起 RobotStudio 与机器人的连接，请参考任务 8-1 中的详细说明。然后进行图 8-31～图 8-37 所示操作。

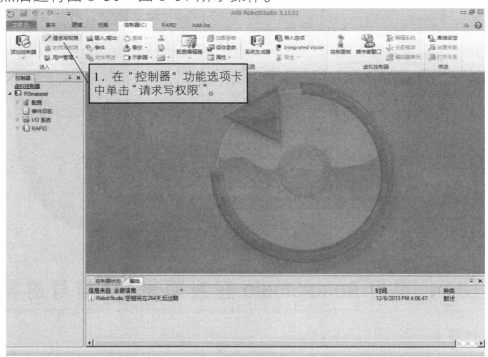

图 8-31

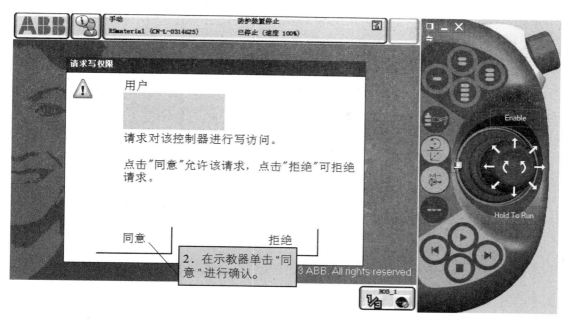

图 8-32

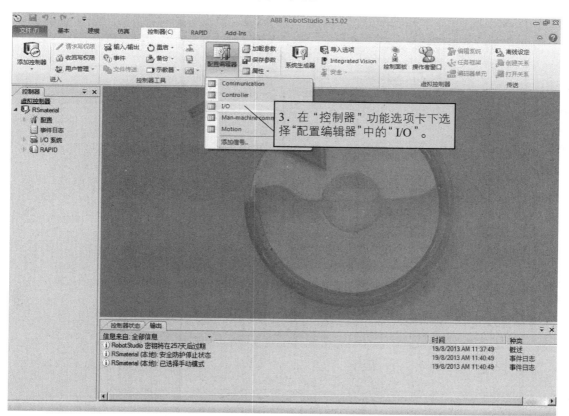

图 8-33

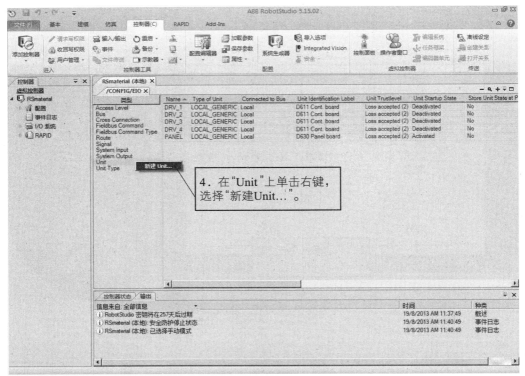

图 8-34

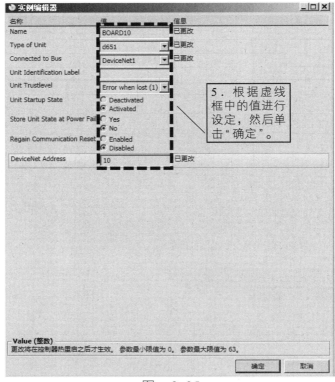

图 8-35

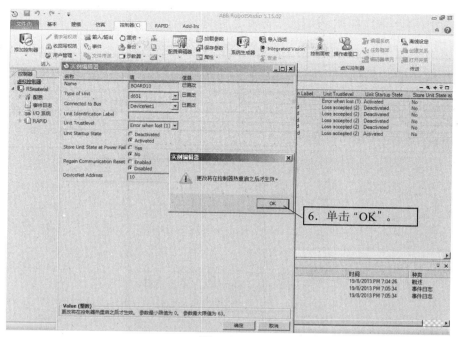

图　8-36

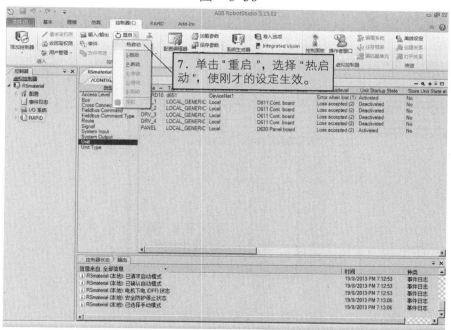

图　8-37

2.　创建一个数字输入信号 DI00

关于数字输入信号的详细参数说明，请参考机械工业出版社出版的《工业机器人实操与应用技巧》（ISBN 978-7-111-31742-5）。创建一个数字输入信号 DI00 的过程如图 8-38～图 8-42 所示。

数字输入信号的参数设定见表 8-2 所示。

表 8-2　数字输入信号的参数设定

名　　称	值
Name（I/O 信号名称）	DI00
Type of Signal（I/O 信号类型）	Digital Input
Assigned to Unit（I/O 信号所在 I/O 单元）	BOARD10
Unit Mapping（I/O 信号所占用单元地址）	0

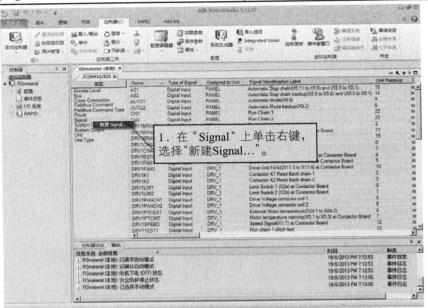

图　8-38

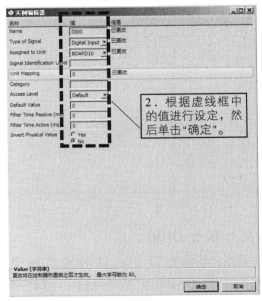

图　8-39

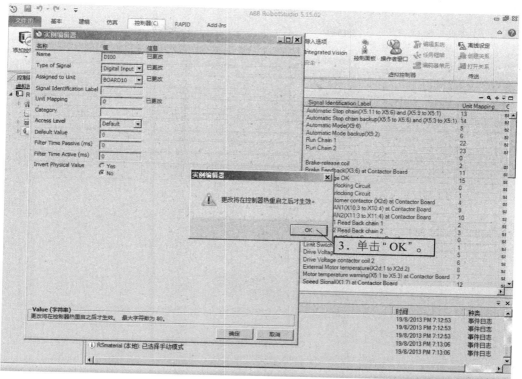

图　8-40

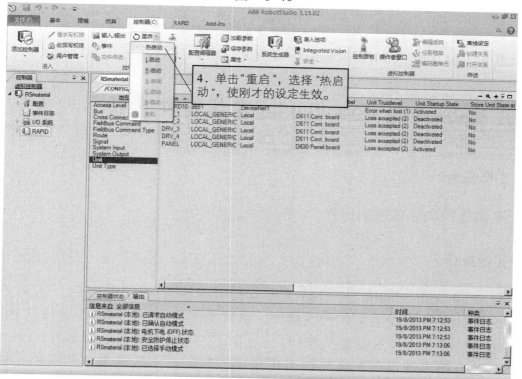

图　8-41

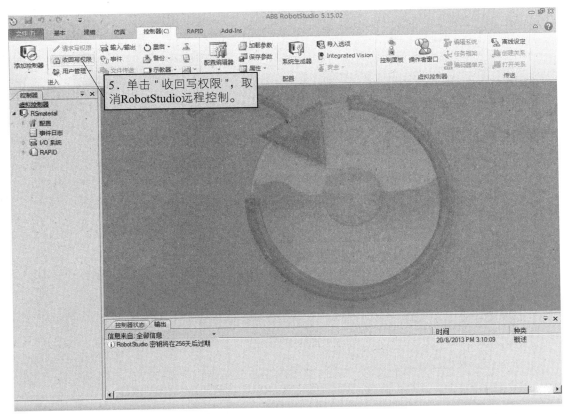

图 8-42

至此，I/O 单元和 I/O 信号就设置完毕。

任务 8-5 使用 RobotStudio 在线文件传送

➢ **工作任务**

在线进行文件传送的操作。

➢ **实践操作**

建立好 RobotStudio 与机器人的连接并且获取写权限以后，可以通过 RobotStudio 进行快捷的文件传送操作。请按照图 8-43～图 8-45 进行从 PC 发送文件到机器人控制器硬盘的操作。

在对机器人硬盘中的文件进行传送操作前，一定要清楚被传送的文件的作用，否则可能会造成机器人系统的崩溃。

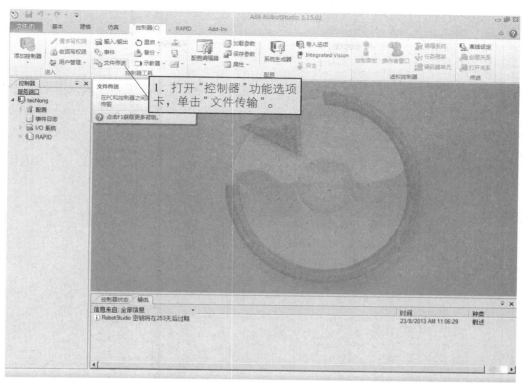

图   8-43

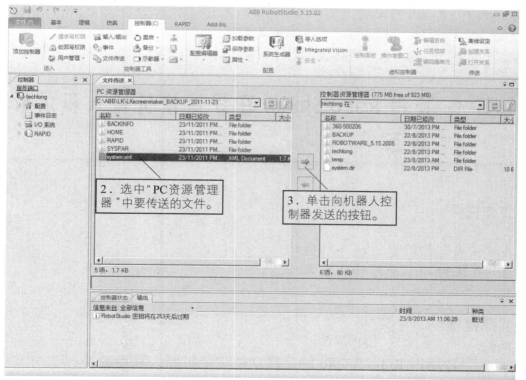

图   8-44

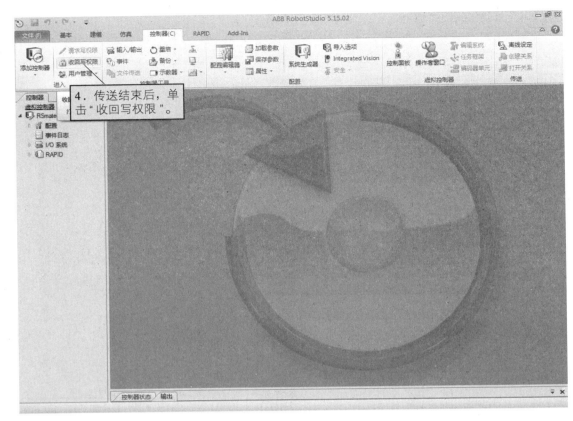

图 8-45

任务 8-6 使用 RobotStudio 在线监控机器人和示教器状态

➤ 工作任务

1. 在线监控机器人状态的操作。
2. 在线监控示教器状态的操作。

➤ 实践操作

我们可以通过 RobotStudio 的在线功能进行机器人和示教器状态的监控。操作如图 8-46～图 8-48 所示。

1.　在线监控机器人状态的操作

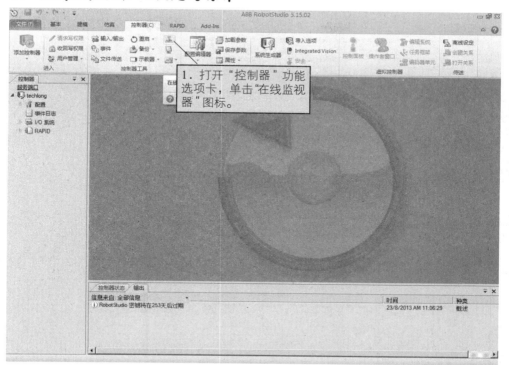

图　8-46

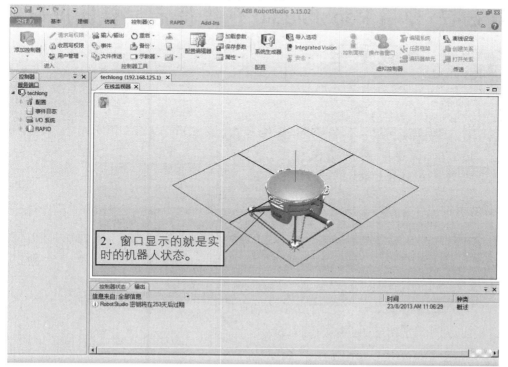

图　8-47

2. 在线监控示教器状态的操作

图 8-48

任务 8-7 使用 RobotStudio 在线设定示教器用户操作权限管理

> **工作任务**

1. 为示教器添加一个管理员操作权限。
2. 设定所需要的用户操作权限。
3. 更改 Default User 的用户组。

> **实践操作**

在示教器中的误操作可能会引起机器人系统的错乱，从而影响机器人的正常运行。因此有必要为示教器设定不同用户的操作权限。为一台新的机器人设定示教器的用户操作权限，一般的操作步骤如下：

1）为示教器添加一个管理员操作权限。

2）设定所需要的用户操作权限。

3）更改 Default User 的用户组。

下面就来进行机器人权限设定的操作：

1. 为示教器添加一个管理员操作权限

为示教器添加一个管理员操作权限的目的是为系统多创建一个具有所有权限的用户，为意外权限丢失时，多一层保障。

首先要获取机器人的写操作权限，然后根据图 8-49～图 8-58 所示步骤进行操作。

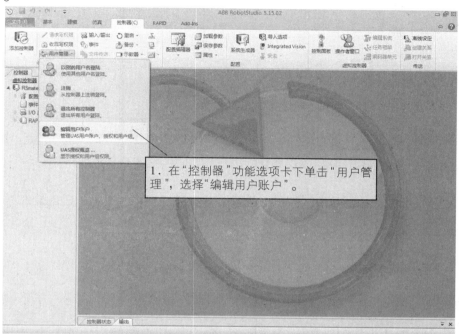

图 8-49

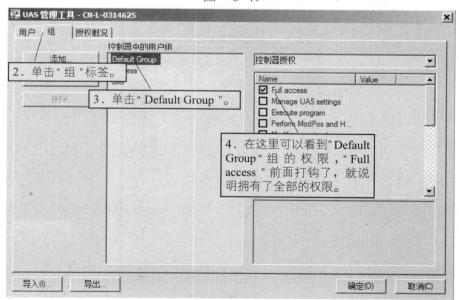

图 8-50

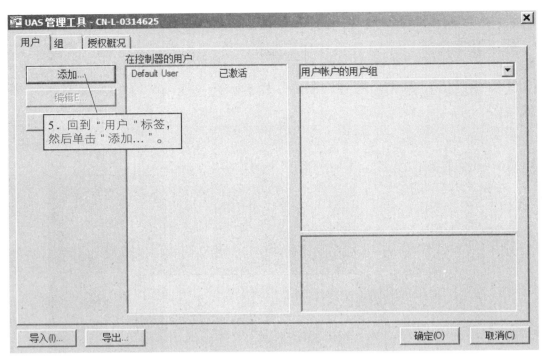

图 8-51

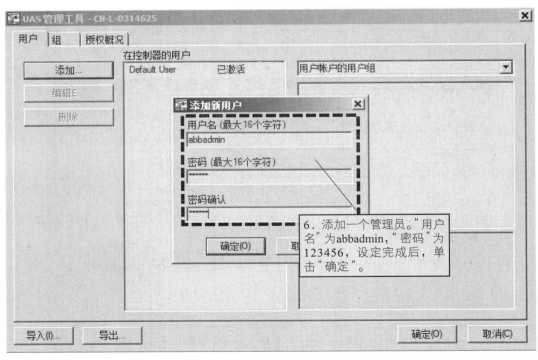

图 8-52

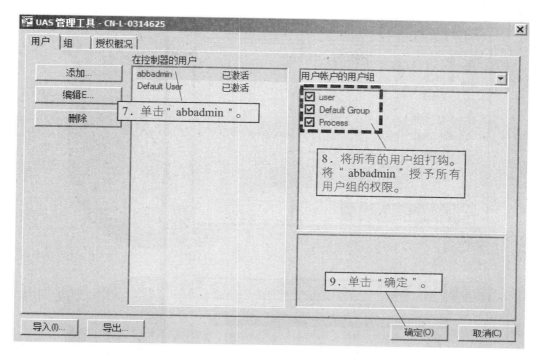

图　8-53

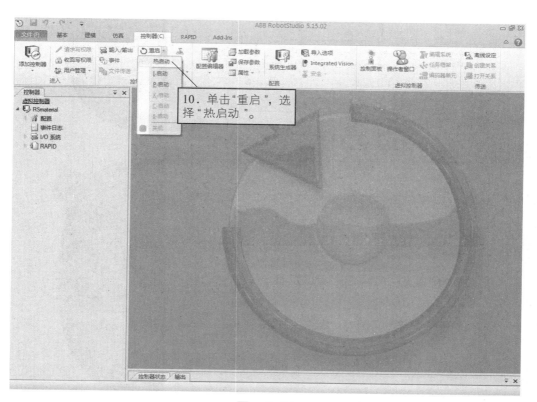

图　8-54

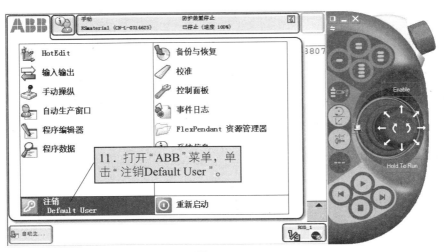

图　8-55

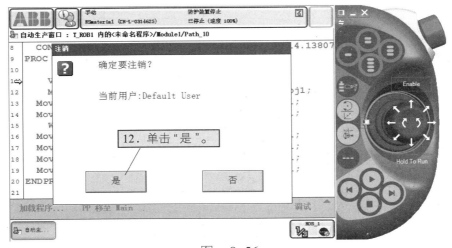

图　8-56

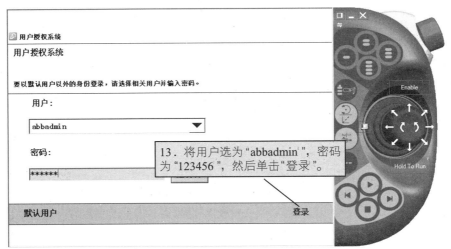

图　8-57

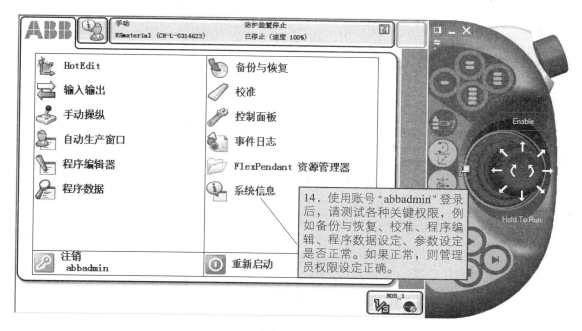

图　8-58

2. 设定所需要的用户操作权限

现在可以根据需要，设定用户组和用户，以满足管理的需要。具体的步骤如下：

1）创建新用户组。

2）设定新用户组的权限。

3）创建新的用户。

4）将用户归类到对应的用户组

5）重启系统，测试权限是否正常。

3. 更改 Default User 的用户组

在默认的情况下，用户 Default User 拥有示教器的全部权限。机器人通电后，都是以用户 Default User 自动登录示教器的操作界面的。所以有必要将 Default User 的权限取消掉。

在取消 Default User 的权限之前，要确认系统中已有一个具有全部管理员权限的用户。否则有可能造成示教器的权限锁死，无法做任何操作。

图 8-59～图 8-64 所示是更改 Default User 的用户组的操作：

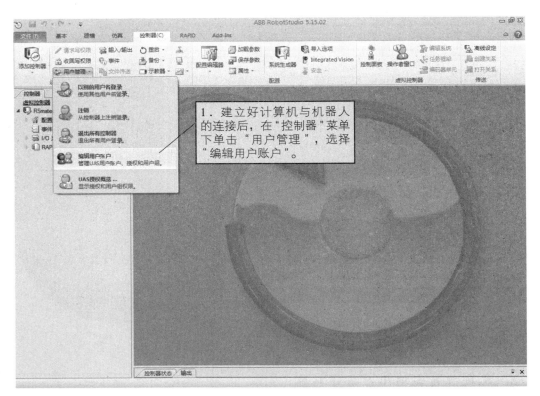

图 8-59

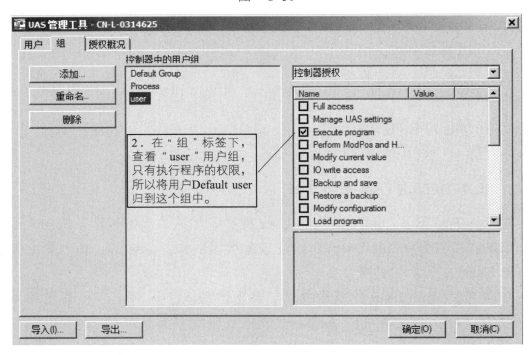

图 8-60

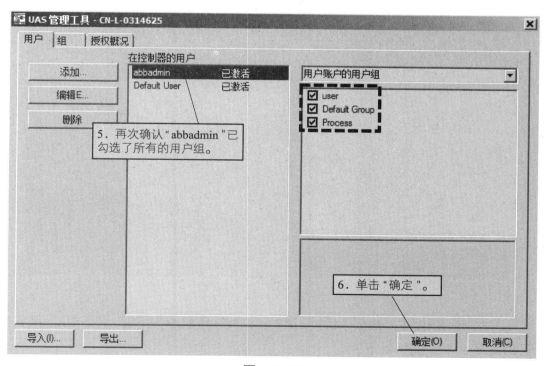

图　8-61

图　8-62

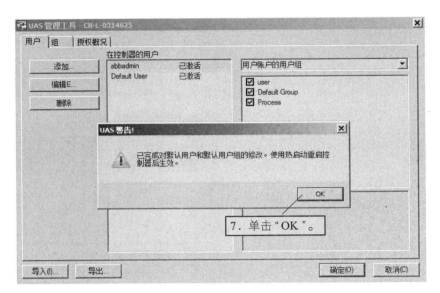

图 8-63

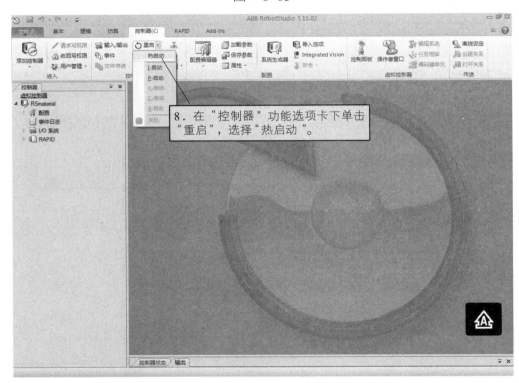

图 8-64

在完成热启动后，在示教器上进行用户的登录测试，如果一切正常，就完成设定了。

用户权限的说明（以 RobotWare5.15.02 为例，版本的更新可能会有所不同）

见表 8-3、表 8-4。

表 8-3 控制器权限

权 限	说 明
Full access	该权限包含了所有控制器权限，也包含将来 RobotWare 版本添加的权限。不包含应用程序权限和安全配置权限
Manage UAS settings	该权限可以读写用户授权系统的配置文件，即可以读取、添加、删除和修改用户授权系统中定义的用户和用户组
Execute program	拥有执行以下操作的权限： 1）开始/停止程序（拥有停止程序的权限） 2）将程序指针指向主程序 3）执行服务程序
Perform ModPos and HotEdit	拥有执行以下操作的权限： 1）修改和示教 RAPID 代码中的位置信息(ModPos) 2）在执行的过程中修改 RAPID 代码中的单个点或路径中的位置信息 3）将 ModPos/HotEdit 位置值复位为原始值 4）修改 RAPID 变量的当前值
Modify current value	拥有修改 RAPID 变量的当前值。该权限是 Perform ModPos and HotEdit 权限的子集
I/O write access	拥有执行以下操作的权限： 1）设置 I/O 信号值 2）设置信号仿真或不允许信号仿真 3）将 I/O 总线和单元设置为启用或停用
Backup and save	拥有执行备份及保存模块、程序和配置文件的权限
Restore a backup	拥有恢复备份并执行 B-启动的权限
Modify configuration	拥有修改配置数据库，即加载配置文件、更改系统参数值和添加删除实例的权限
Load program	拥有下载/删除模块和数据的权限
Remote warm start	拥有远程关机和热启动的权限。使用本地设备进行热启动不需任何权限，例如使用示教器
Edit RAPID code	拥有执行以下操作的权限： 1）修改已存在 RAPID 模块中的代码 2）框架校准（工具坐标，工件坐标） 3）确认 ModPos/HotEdit 值为当前值 4）重命名程序
Program debug	拥有执行以下操作的权限： 1）Move PP to routine 2）Move PP to cursor 3）HoldToRun 4）启用/停用 RAPID 任务 5）向示教器请求写权限 6）启用或停用非动作执行操作

（续）

权　限	说　明
Decrease production speed	拥有在自动模式下将速度由 100% 进行减速操作的权限，该权限在速度低于 100% 或控制器在手动模式下时无需请求
Calibration	拥有执行以下操作的权限： 1）精细校准机械单元 2）校准 Baseframe 3）更新/清除 SMB 数据 4）框架校准（工具、工作对象）要求授予编辑 RAPID 代码权限。对机械装置校准数据进行手动调整，以及从文件载入新的校准数据，要求授予修改配置权限
Administration of installed systems	拥有执行以下操作的权限： 1）安装新系统 2）P-启动 3）I-启动 4）X-启动 5）C-启动 6）选择系统 7）由设备安装系统 该权限给予全部 FTP 访问权限，即与 Read access to controller disks 和 Write access to controller disks 相同的权限
Read access to controller disks	对控制器磁盘的外部读取权限。该权限仅对外部访问有效，例如 FTP 客户端或 RobotStudio 文件管理器 也可以在没有该权限的情况下将程序加载到 hd0a
Write access to controller disks	对控制器磁盘的外部写入权限。该权限仅对外部访问有效，例如 FTP 客户端或 RobotStudio 文件管理器 可以将程序保存至控制器磁盘或执行备份
Modify controller properties	拥有设置控制器名称、控制器 ID 和系统时钟的权限
Delete log	拥有删除事件日志中信息的权限
Revolution counter update	拥有更新转数计数器的权限
Safety Controller configuration	拥有执行控制器安全模式配置的权限。仅对 PSC 选项有效，且该权限不包括在 Full access 权限中

表 8-4　应用程序权限

权　限	说　明
Access to the ABB menu on FlexPendant	值为 true 时，表示有权使用示教器上的 ABB 菜单。在用户没有任何授权时，该值为默认值 值为 false 时，表示控制器在"自动"模式下用户不能访问 ABB 菜单 该权限在手动模式下无效
Log off FlexPendant user when switching to Auto mode	当由手动模式转到自动模式时，拥有该权限的用户将自动由示教器注销

任务 8-8　使用 RobotStudio 在线创建与安装机器人系统

> ## 工作任务

1. 通过备份创建系统。
2. 通过控制器与控制器密钥创建系统。
3. 机器人系统的管理。

> ## 实践操作

一般地，当机器人出现以下两个问题时，就应考虑重装机器人系统了。

1）机器人系统无法启动。

2）需要为当前的机器人系统添加新的功能选项。

在任何情况下，重装机器人系统都是具有危险的，所以在进行机器人系统的重装操作时，请慎重！

1. 通过备份创建系统

通过备份创建系统过程如图 8-65～图 8-70 所示。

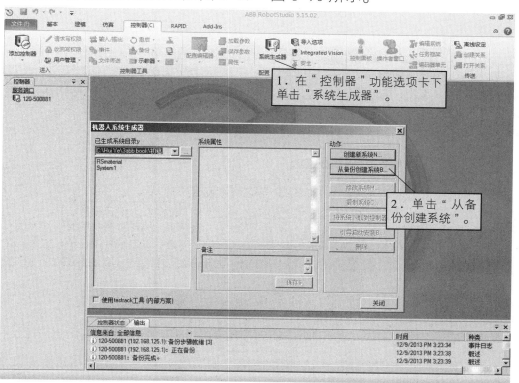

图　8-65

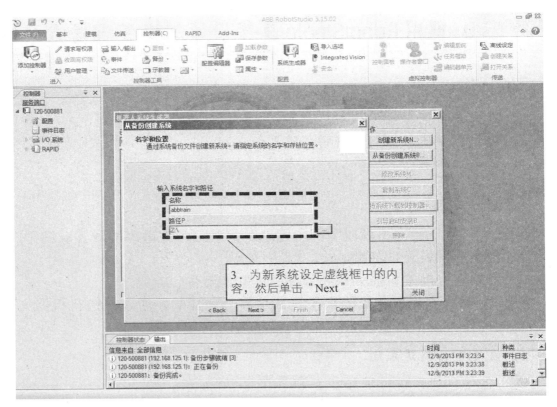

图　8-66

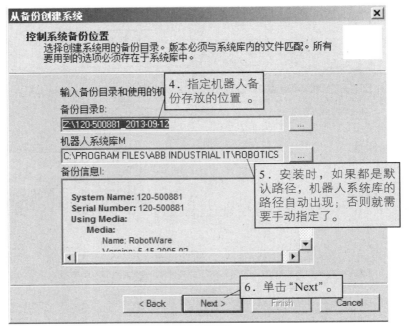

图　8-67

图　8-68

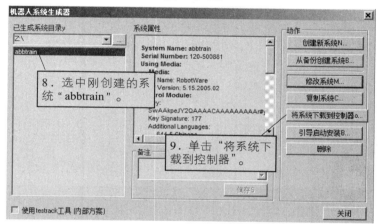

图　8-69

这时，通过网线将计算机与机器人连接起来，再进行下一步的操作。

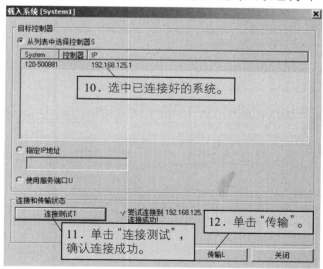

图　8-70

这时，新的机器人系统通过网线传输到机器人控制器。传输完成后，机器人控制器将会重启，重启后，就会以新系统启动。

2. 通过控制器与控制器密钥创建系统

通过控制器与控制器密钥创建系统过程如图 8-71～图 8-81 所示。

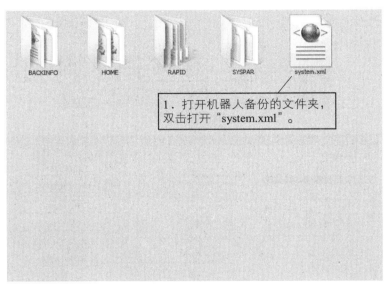

图　8-71

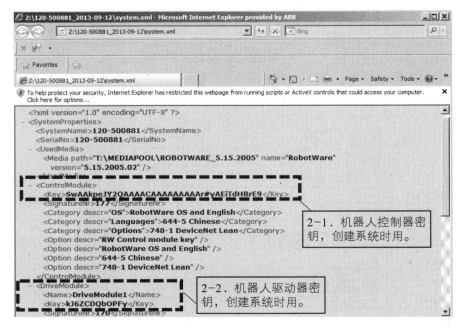

图　8-72

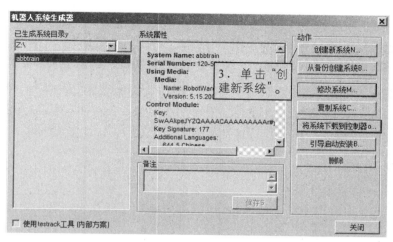

图　8-73

图　8-74

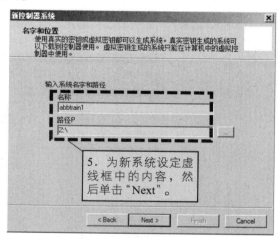

图　8-75

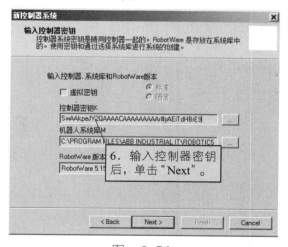

图　8-76

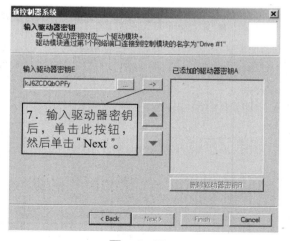

图　8-77

一台机器人出厂以后，如果想增加机器人系统的选项功能，则要通过重装机器人系统的方法来完成。在创建机器人系统时，在第 8 步中输入由 ABB 提供的选项功能密钥，新系统安装完成后，就具有了新装的选项功能。

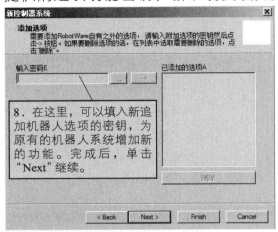

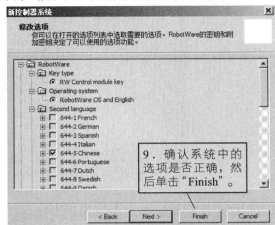

图 8-78　　　　　　　　　　　　　　　　图 8-79

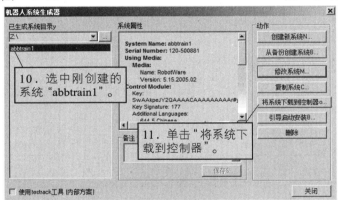

图 8-80

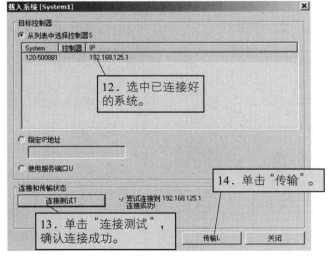

图 8-81

这时，新的机器人系统通过网线传输到机器人控制器。传输完成后，机器人控制器将会重启，重启后，就会以新系统启动。

3. 机器人系统的管理

如果多次进行机器人系统的重装操作，会在机器人硬盘里存留之前的机器人系统，从而造成机器人硬盘空间的不足。这时，有必要将不再使用的机器人系统从机器人硬盘中删除。

图 8-82～图 8-85 所示的操作是基于 RobotWare5.15.02 进行的。

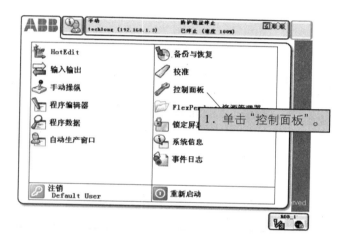

图 8-82

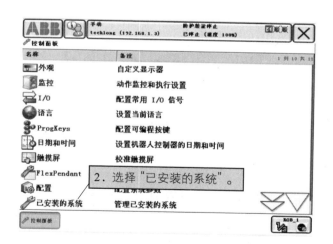

图 8-83

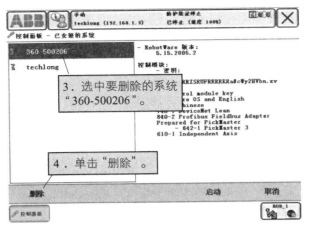

图　8-84

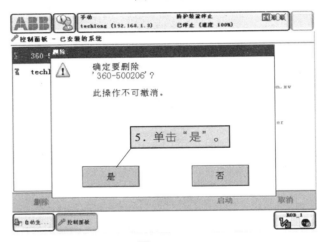

图　8-85

在任何情况下，删除机器人系统都是具有危险的，所以在进行机器人系统的删除操作时，请慎重！

学习检测

自我学习检测评分表见表8-5。

表8-5　自我学习检测评分表

项目	技术要求	分值	评分细则	评分记录	备注
使用 RobotStudio 与机器人进行连接并获取权限的操作	1．建立 RobotStudio 与机器人的连接 2．获取 RobotStudio 在线控制权限	10	1．理解流程 2．操作流程		

（续）

项目	技术要求	分值	评分细则	评分记录	备注
使用 RobotStudio 进行备份与恢复的操作	1．使用 RobotStudio 进行备份的操作 2．使用 RobotStudio 进行恢复的操作	10	1．理解流程 2．操作流程		
使用 RobotStudio 在线编辑 RAPID 程序的操作	1．在线修改 RAPID 程序的操作 2．在线添加 RAPID 程序指令的操作	10	1．理解流程 2．操作流程		
使用 RobotStudio 在线编辑 I/O 信号的操作	1．在线添加 I/O 单元 2．在线添加 I/O 信号	10	1．理解流程 2．操作流程		
使用 RobotStudio 在线文件传送	在线文件传送	10	1．理解流程 2．操作流程		
使用 RobotStudio 在线监控机器人和示教器状态	1．在线监控机器人状态的操作 2．在线监控示教器状态的操作	10	1．理解流程 2．操作流程		
使用 RobotStudio 在线设定示教器用户操作权限管理	1．为示教器添加一个管理员操作权限 2．设定所需要的用户操作权限 3．更改 Default User 的用户组	10	1．理解流程 2．操作流程		
使用 RobotStudio 在线创建机器人系统与安装	1．通过备份创建系统 2．通过控制器与控制器密钥创建系统 3．机器人系统的管理	10	1．理解流程 2．操作流程		
安全操作	符合上机实训操作要求	20			